哈洛新知
Hello Knowledge

知识就是力量

30秒探索

数据大爆炸

30秒探索
数据大爆炸

50个关键概念与挑战

阅读每个解析仅需30秒

主编

利伯蒂·维特尔特

参编

玛丽亚姆·艾哈迈德

文尼·戴维斯

西旺·加姆利尔

拉斐尔·伊里萨里

罗伯特·马斯特罗多梅尼科

斯特凡妮·麦克莱伦

雷吉娜·努佐

鲁帕·R. 帕特尔

阿迪蒂亚·兰加纳坦

史兆威

斯蒂芬·施蒂格勒

斯科特·特兰特

利伯蒂·维特尔特

卡特里娜·韦斯特霍夫

插图绘制

史蒂夫·罗林斯

翻译

王绍祥　刘晨莹

華中科技大學出版社

http://press.hust.edu.cn

中国·武汉

湖北省版权局著作权合同登记　图字：17-2022-009 号

图书在版编目（CIP）数据

30 秒探索数据大爆炸 /（英）利伯蒂・维特尔特（Liberty Vittert）主编；王绍祥，刘晨莹译．—武汉：华中科技大学出版社，2023. 2
（未来科学家）
ISBN 978-7-5680-8610-3

Ⅰ．① 3…　Ⅱ．①利…　②王…　③刘…　Ⅲ．①数据处理－普及读物　Ⅳ．① TP274-49

中国版本图书馆 CIP 数据核字（2022）第 155434 号

30 秒探索数据大爆炸
30 Miao Tansuo Shuju da Baozha

[英] 利伯蒂・维特尔特 / 主编
王绍祥，刘晨莹 / 译

策划编辑：杨玉斌
责任编辑：张瑞芳　　装帧设计：陈　露
责任校对：王亚钦　　责任监印：朱　玢

出版发行：华中科技大学出版社（中国・武汉）　电话：（027）81321913
武汉市东湖新技术开发区华工科技园　邮编：430223

录　排：华中科技大学惠友文印中心
印　刷：中华商务联合印刷（广东）有限公司
开　本：787 mm × 960 mm　1/16
印　张：10
字　数：160 千字
版　次：2023 年 2 月第 1 版第 1 次印刷
定　价：88.00 元

本书若有印装质量问题，请向出版社营销中心调换
全国免费服务热线：400-6679-118　竭诚为您服务
版权所有　侵权必究

目录

前言

孟晓犁

“如果你想解决世间一切问题，主修计算机科学吧。”在一次人工智能会议上，当一位演讲嘉宾在屏幕上亮出这行字时，我的统计之魂瞬间被激发，几乎达到了六西格玛水平。谢天谢地，不到3秒钟，屏幕上又亮出了一行字：“如果你想解决计算机科学带来的一切问题，去文理学院攻读研究生学位吧。”

凡是能够运用这种巧妙的搭配组合来逗乐我们的人，必定对我们所处的这个辉煌灿烂而又令人困惑的时代有着深刻的理解。计算机科学与技术突飞猛进，缔造了数字时代，而数字时代又催生了数据科学。当我们拥有了足够多的数据，多到足以揭开大自然及其中最先进的物种——人类——的神秘面纱时，似乎没有什么是遥不可及的。

然而，“天下没有免费的午餐”——这是数据科学（以及人生）的普遍规律。这里还有另外一些组合供你思考，听完前半句，你可能宛若置身天堂，听完后半句，你便发觉其中的矛盾之处。个性化医疗听起来确实像是天赐之物，可究竟上哪儿才能找到足够多的小白鼠呢？毋庸置疑，为了推进人工智能技术的发展，我们需要收集尽可能多的人类数据，但是，请研究其他人就好——你敢侵犯一下我的隐私试试！

对于那些还有机会读研究生，还花得起31536000秒的人，就当作你们只能再活不到30秒，马不停蹄地去读吧。对于那些读不了研又没时间的人，读完这本书只需要50 x 30秒，看或不看就全凭你们自己了。读完这本书之后，你成不了30秒数据科学家。但如果你不了解本书的内容，你99%无法成为一个合格的数字时代公民。当然，不信的话，你大可一试。

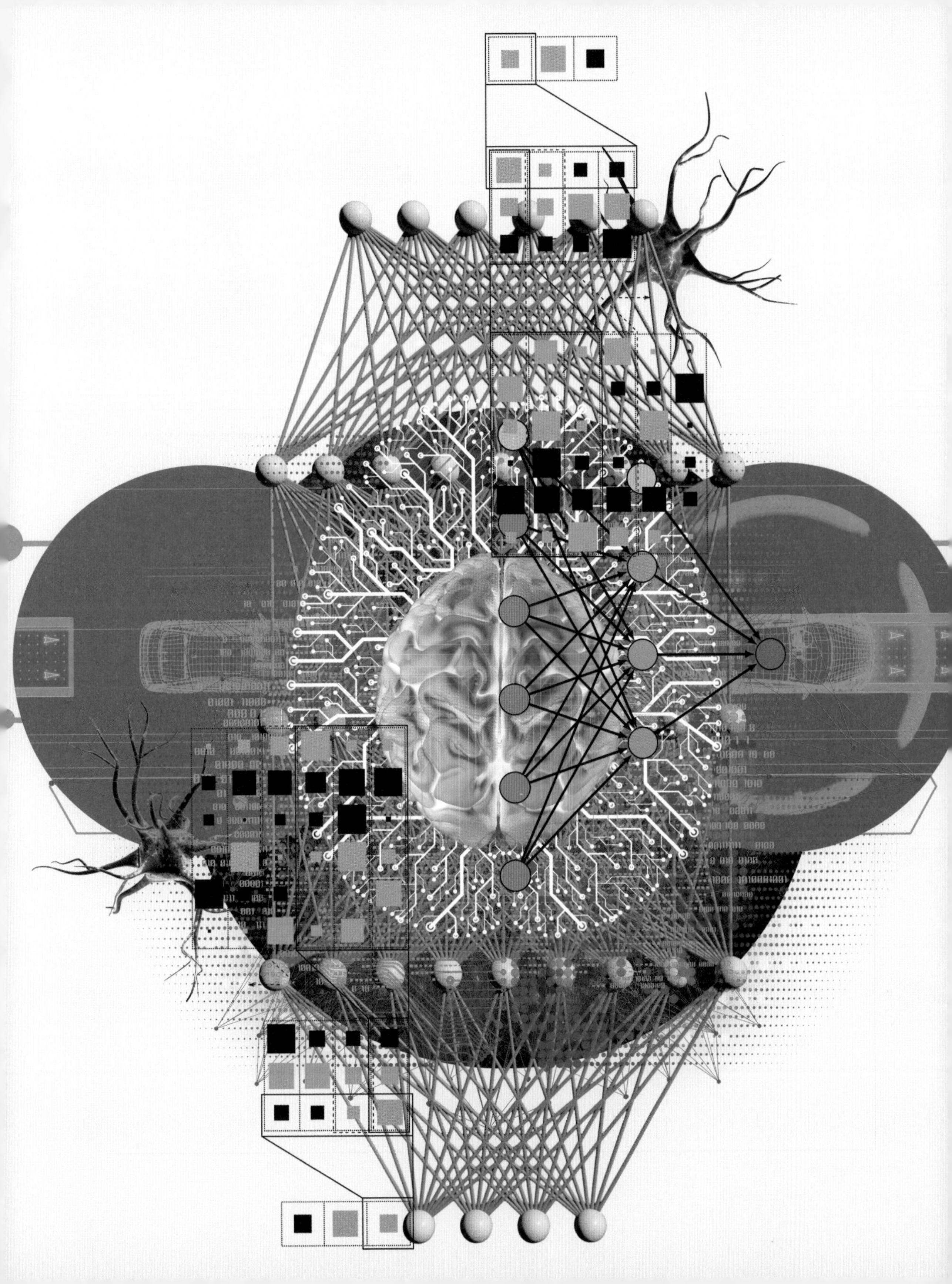

引言

利伯蒂·维特尔特

长久以来，我们都是人文主义者：做决定全凭直觉，全凭经验，怎么想、怎么看就怎么决定。然而，如今我们正在步入数据主义（Dataism）时代——数据成了一切决定的驱动力。从气候变化、难民危机到医疗保健等，一切的一切都离不开数据的驱动。且不论这些包罗万象的议题，日常生活也概莫能外。你根本用不着去书店，想看什么书，亚马逊就能告诉你。同样，交友软件也能凭借收集到的海量数据，告诉你你和谁最投缘。

现如今，人文主义和数据主义可谓水火不容。有些人想把一切统统甩给数据，有些人则不愿舍弃最后那一丁半点的人情味。数据科学是一门综合了人文主义和数据主义的学科。它集二者于一体，既囊括了庞大的数据库、强大的统计工具（计算过程全都靠它们驱动）分析，也包括我们人类在过去数千年的发展进程中形成的常识与定量推理能力。数据科学并不是单纯的数据驱动或人为驱动：它是集二者于一体的艺术。

在详细介绍本书之前，让我们先穿越时空，回到17世纪，认识一下布莱士·帕斯卡（Blaise Pascal）——一位遭遇信仰危机的法国修士吧。他决定凭借自己掌握的信息（你也不妨称其为“数据”），思考未来之路：

> 如果上帝不存在，作为有神论者，我可能会因为错误的信仰而浪费生命，但一切如旧。
>
> 如果上帝不存在，作为无神论者，我就不会因为错误的信仰而浪费生命，但一切同样如旧。
>
> 如果上帝确实存在，作为有神论者，我将进入天堂，乐享永恒。
>
> 但如果上帝确实存在，作为一个无神论者，我将面临永不熄灭的地狱之火。

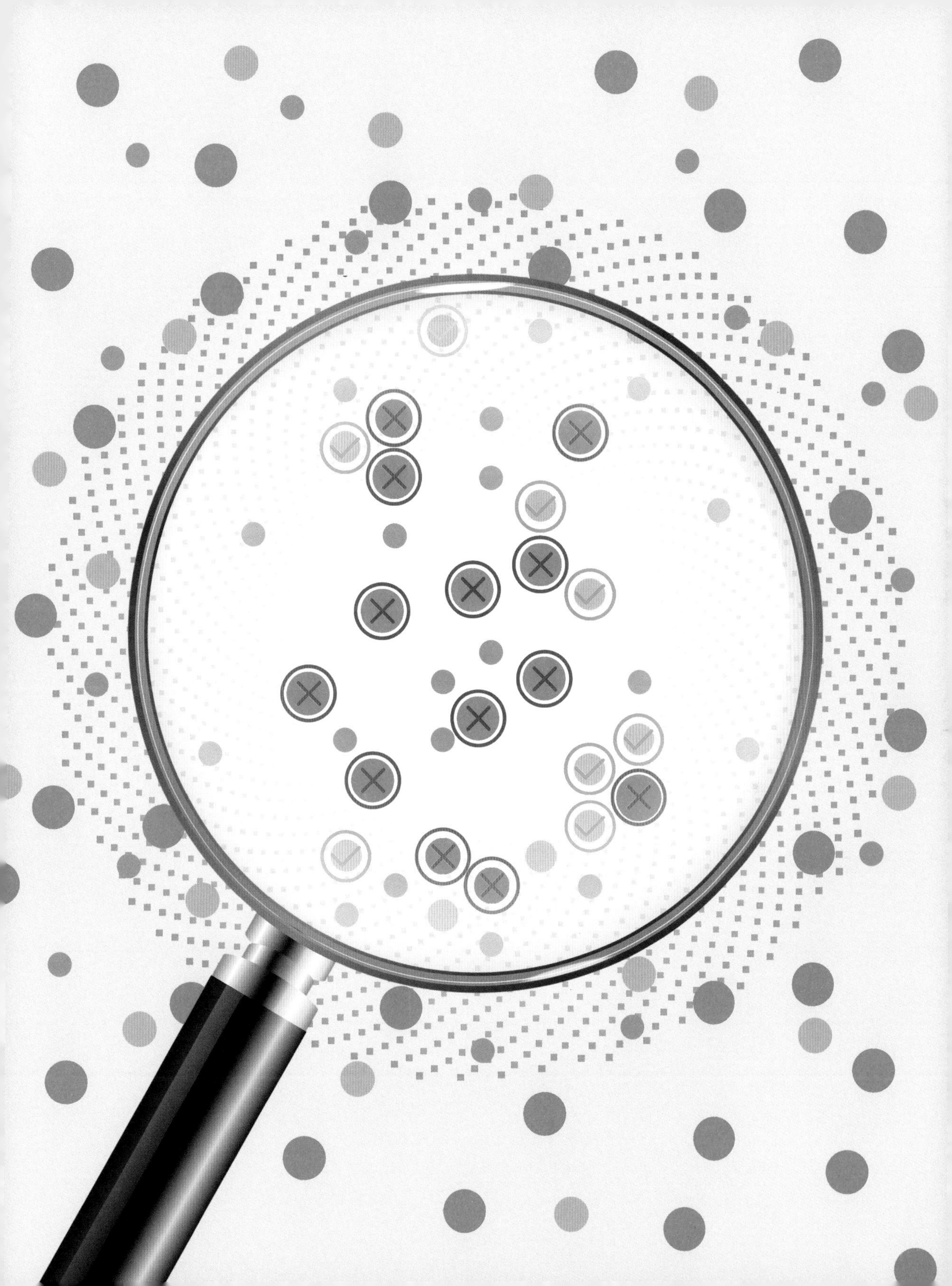

帕斯卡利用自己掌握的数据做出决定，为的是提升未来幸福感，降低潜在风险。事实上，这便是数据科学：利用过去和现在的信息预测未来，或者更确切地说，数据科学是用于预卜这个世界的最佳手段（数据科学是我们这个世界上像极了水晶球的东西）。我们和帕斯卡之间的唯一区别是：帕斯卡只有4条数据需要分析，而在我们所生活的这个世界，我们要分析的数据要比这多得多——我们拥有无穷无尽的数据。

据估计，我们每天产生的数据超过2.5艾字节。粗略一算，这个数据量相当于把纸质版《哈利 · 波特》从地球堆到月球，再从月球堆回地球，最后再绕地球550圈，而这还仅仅是每天产生的数据量而已。

本书框架

前两章堪称数据科学基本要素，第一章对数据科学涉及的基础知识进行了条分缕析，第二章探讨的是数据科学中最为重要但鲜有人论及的内容，即其自身亦无法解释的部分。后五章探讨的是数据科学对我们生活的方方面面所产生的影响，它关乎科学、社会、商业、娱乐以及世界的未来。每个主题都包含以下内容：3秒钟样本，言简意赅；接着是更为详细的30秒数据解析；最后是3分钟分析，旨在让读者深入了解相关话题的复杂之处与微妙之处。

本书由业内专家精心编撰而成，旨在指引我们理解数据是如何以我们未曾想象过的方式改变着每个行业以及我们生活的方方面面的。同时，本书也清晰地展现了随着新时代而来的定量推理和道德困境。

基础知识

术语

算法 为供计算机执行任务而设计的一组指令或运算。编写算法被称为“编码”或“计算机编程”。算法的结果各式各样，可以是两个数字之和，也可以是无人驾驶汽车的运行。

自动化 计算机以比人类更迅速、更高效的方式完成重复性任务或运算的过程。

贝叶斯分析 一种根据观测数据与先验知识推算概率的统计方法，可以解决“吸烟者患上肺癌的概率”之类的问题。

二进制 用0和1组成的字符串表示信息的计数系统。这是一种便于计算机理解的公式，因此堪称现代计算之基。

二元分析 仅限于一个输出量或因变量。

因果推断 判断一个变量的变化是否会直接导致另一个变量的变化。例如，如果咖啡饮用量的增加直接导致了考试成绩的提高，那么这两个变量之间就存在因果关系。

集群 平行作业、完成同一任务的一组计算机。在执行复杂的计算任务时，计算机集群通常比单台计算机更高效。

核（计算机或机器） 计算机的中央处理器，负责执行指令，处理运算，并与计算机的其他部分通信。许多现代计算机都使用多核处理器，即单个芯片包含多个中央处理器，以提高性能。

数据集 以结构化和标准化格式存储的一组信息，其中可能包含数字、文本、图像或视频。

恩尼格玛密码 第二次世界大战期间德国武装部队使用的加扰信息或加密信息的方法，后被艾伦·图灵（Alan Turing）及其同事在布莱切利园（Bletchley Park）破解。

流行病学 针对健康状况、发病率、最易感人群及相关风险管理的研究。

可解释性 人类能够理解及解释数学模型所做的预测或决定的程度。

模型/建模 用数学术语表示现实世界的过程或问题；时而简单，时而非常复杂，常用于预测或预报。

多元分析 衡量一个或多个输入量或自变量对多个输出量或因变量的影响的一套统计理论或方法。例如，建模研究咖啡饮用量对心率和血压的影响就是一种多元分析。

正态（高斯）分布 描述数据在不同数值上的分布的一种钟形曲线。正态分布的数据集通常包括考试成绩、身高和血压等。正态分布表示任意变量对应不同数值的概率。许多统计分析都假设数据服从正态分布。

统计关联 两个变量或测量值之间的关系强度。例如，人的年龄和身高之间存在关联。皮尔逊相关系数（Pearson correlation coefficient）是常用的衡量相关性的指标之一。

太字节 计算机或硬盘存储的容量单位，英文缩写为TB。1 TB等于1万亿字节。

数据收集

30秒探索数据大爆炸

现代计算技术的发展使我们一时间获取了大量信息，因此，数据科学这一学科应运而生。从前，收集和分析数据仅限于手工操作，而现代技术的进步意味着我们生活中方方面面的信息都会被收集起来：从购买日用品到使用智能手表记录每一次运动。现在收集到的海量数据将使我们的生活发生翻天覆地的变化。许多公司如雨后春笋般出现，它们收集的数据之多超乎想象。仅以脸书（Facebook）和谷歌为例，它们收集了大量的个人信息，也就是说，它们对我们知之甚多，甚至掌握着某些连我们最亲密的朋友和家人都不得而知的信息。每一次，只要我们点击谷歌上的链接或是在脸书上给某个帖子点赞，相关数据就会被收集起来，而后这些公司对我们的了解便增加一分。在将这些信息与它们收集到的与我们有相同特点的人的信息结合后，它们就可以有针对性地向我们投放广告，并预测我们无论如何都料想不到的事情，比如我们的政治忠诚度。

3秒钟样本

自现代计算技术发明以来，“大数据”已经成为一种新型货币，可助力企业在十年内从无到有，从概念一跃成为行业巨头。

3分钟分析

我们现在收集到的数据如此之多，以至于数据都有了自己的专门术语——大数据。如今大数据如此庞大，因此企业和研究人员你追我赶、争先恐后，努力满足人们日益增长的对数据存储、分析及隐私保护的需要。据估计，脸书每天要收集超过500 TB的数据——每天需要超过15000台苹果 MacBook Pro电脑来存储这些数据。

相关话题

另见

工具 第22页
监控 第82页
监管 第150页

3秒钟人物

戈特弗里德·莱布尼茨
Gottfried Leibniz
1646—1716
对现代计算机技术的基础——二进制系统的开发做出了贡献。

马克·扎克伯格
Mark Zuckerberg
1984—
与其大学室友们于2004年共同创建了脸书，现任脸书首席执行官兼董事长。

本文作者

文尼·戴维斯
Vinny Davies

个人数据已成为技术时代炙手可热的商品。

数据可视化如何实现

30秒探索数据大爆炸

3秒钟样本

在日常生活中，数据无处不在，但是毕竟我们大多数人并非数据科学家，那么，我们应该如何看待这些数据？又应该如何从中提炼观点呢？

3分钟分析

将无形变为有形，让收集到的海量复杂数据变得可视，这本身就是一个巨大的挑战。现代数据集大多不可能以任何一种合理的方式实现可视化，因此，所有可视化的数据概括通常都是对数据的极简解释。这也意味着可视化的概括很容易被曲解。看似简单的东西，其实并不是总像看起来那么直截了当。

“90%的政客都会撒谎”，这句话从何而来？更重要的是，这是事实吗？在日常生活中，我们可以看到形形色色的数据概括：饼状图会告诉我们美国人最喜欢的巧克力棒是什么，新闻报道会告知我们一生中罹患癌症的概率有多大。所有这些概括都来自或基于收集到的信息，但它们似乎总是相互矛盾。为什么会这样呢？因为数据并不简单，概括也不简单。我可以这样概括，你可以那样概括，但孰对孰错呢？这就是问题的症结所在：我们很可能会被自己所看到的数据概括“牵着鼻子走”。即便数据概括是正确的，也可能无法合理地、精准地反映其所代表的数据。例如，你知道在20岁及以上的女性中，青少年怀孕现象将会大幅减少吗？从技术层面上来说，确实如此，但就事实而言，这一数据概括毫无用处。所以，今后再看到数据概括时，你不妨思考一下它是否被曲解，然后再相应地考虑其结果。

相关话题

另见

从数据中学习 第20页
相关性 第42页
投票科学 第90页

3秒钟人物

本杰明·迪斯累里
Benjamin Disraeli
1804—1881

英国前首相，通常认为，“世界上有三种谎言：谎言、该死的谎言、统计数据”这句话就是出自他之口。

斯蒂芬·莎士比亚
Stephan Shakespeare
1957—

民意调查公司舆观调查网（YouGov）联合创始人兼首席执行官，该公司负责收集和汇总与世界政治相关的数据。

本文作者

文尼·戴维斯

在数据科学领域，眼见不一定为实——能够透过数据概括看本质才是真本事。

2500 5000 10000 12500 15000
18:01 00:00:19 EUR/USD 90% 18:00:02 - 18:01:02 1.3774 1.13786
RUB/EUR 0,0000 +0,000
USD/RUB 1.9998 +1.9999
EUR/USD 0,0001 -0,000
EUR/USD 0,0001 +0,000
EUR/BTC 0,0041 -0,010
USD/RUB 1.9998 +1.9999

从数据中学习

30秒探索数据大爆炸

收集数据确实大有裨益，但是在我们收集到数据之后，除了进行概括，还可以做些什么呢？有了模型，我们就能采用比以往更复杂、更有效的方式从数据中获取信息。有了模型，数据科学家就能行之有效地用一条或多条数据预测他们感兴趣的结果（这便又增添了一条数据）。例如，年龄和性别数据可用于预测一个人在未来5年内是否会患上关节炎。在掌握一些人是否患有关节炎的数据后，我们可以用他们的年龄与性别信息建模，这一模型可以帮助我们预测其他人是否会患关节炎。除了预测新数据以外，数据还可以用于确定某一特定结果的原因。这一过程被称作“因果推断”，它通常用于研究疾病，比如，通过分析DNA（脱氧核糖核酸）来确定病因。然而，尽管在上述两例中，预测关节炎病例都是最终目的，但它们所代表的建模问题却有着细微的不同，甚至有着截然不同的建模过程。根据与特定项目相关的数据与目标选择最佳模型是所有数据科学家必备的主要技能之一。

3秒钟样本

对数据进行分析和建模可以突显数据概括中不甚了了的信息，从而揭示社交媒体趋势、癌症病因等，凡此种种，不一而足。

3分钟分析

从数据中学习并非今天才有。1854年，伦敦暴发霍乱，约翰·斯诺医生收集并利用数据找到了病源。他记录了出现霍乱病例的地点，并在地图上进行了标注，最终查明了霍乱的源头——布罗德街水泵。在居民们停用该水泵后，霍乱得以终结。至今，该水泵仍然是伦敦的地标。

相关话题

另见

数据收集 第16页
统计学与建模 第30页
机器学习 第32页

3秒钟人物

约翰·斯诺
John Snow
1813—1858
英国内科医生，被誉为“流行病学之父”，因查明1854年伦敦霍乱的源头而闻名。

艾伦·图灵
Alan Turing
1912—1954
英国数学家，在第二次世界大战中利用信息中的数据破解了恩尼格玛密码。

本文作者

文尼·戴维斯

数据一旦收集即可用于建模，从而增进人们对数据的理解。

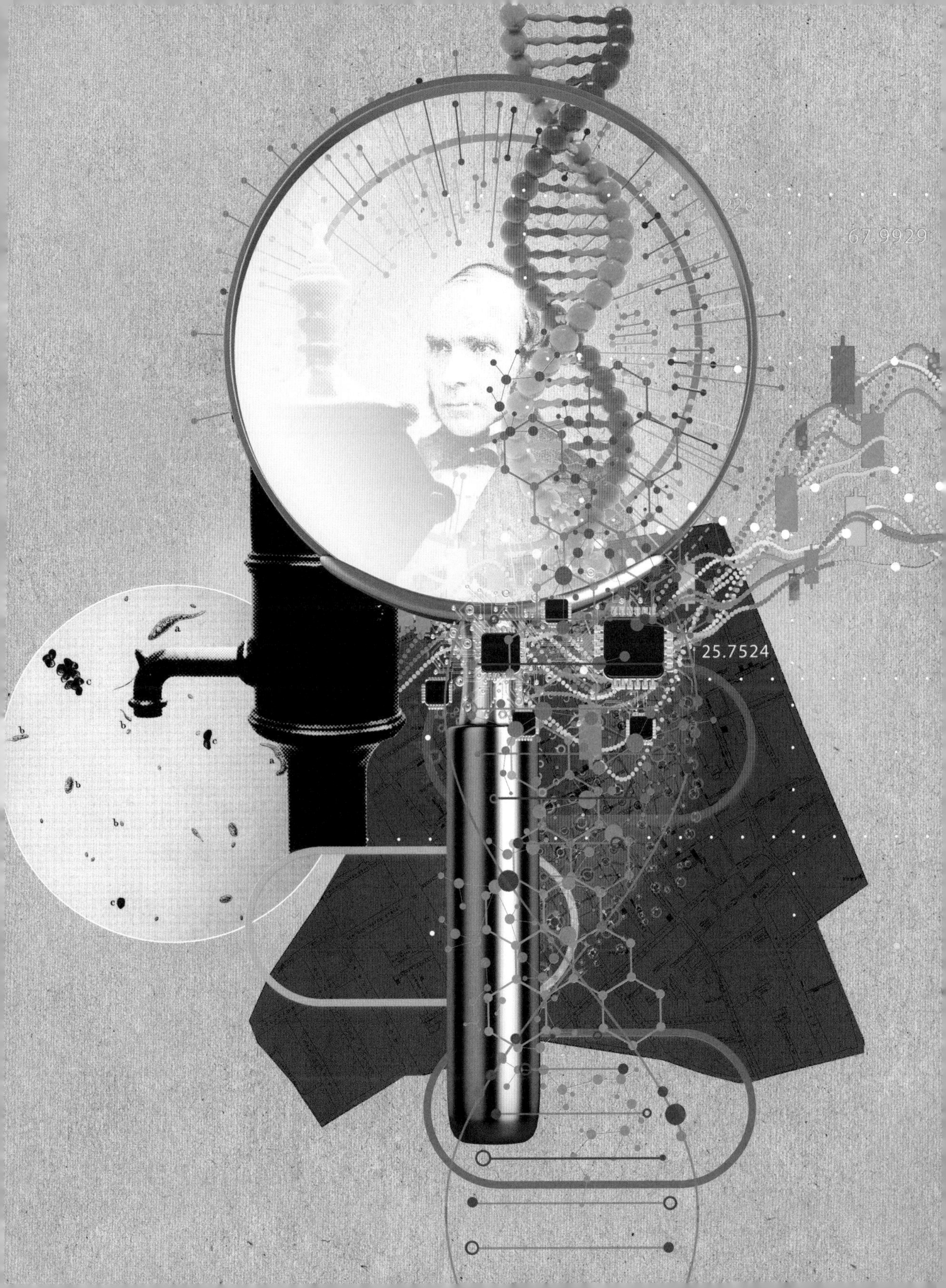
67.9929
25.7524

工具

30秒探索数据大爆炸

专业工具能够帮助人们理解并处理收集而来的大量数据集，因此，数据科学家通常会根据具体问题使用多种不同的工具。大多数工具都可以在标准计算机上使用，但在如今这个云计算时代，人们还可以通过互联网，在大型计算机集群上使用工具。很多大型科技公司都提供这项服务，数据科学家通常也可获得这些工具。数据科学家的工具箱里通常有两类工具，即数据管理工具和数据分析工具。通常，数据只存储于电子数据表中，但在面对更多、更复杂的数据时，数据科学家就需要更有效的解决方案了，这些方案通常包括开发SQL、Hadoop等更高级的数据管理工具。而数据分析工具的种类要多得多，因为不同领域的方法各不相同，如统计学、机器学习、人工智能这些领域就常使用不同的编程语言。数据科学家掌握的编程语言通常不止一种，但最常用的还是R语言、Python，以及MATLAB（matrix laboratory，矩阵实验室）支持的编程语言。

3秒钟样本

面对庞大的数据、复杂的模型，数据科学家必须借助他们所掌握的一切计算工具，但是都有哪些工具呢？

3分钟分析

并行计算虽然不像Python、SQL等计算机编程语言那样明确就是工具，但它仍是现代数据科学的重要组成部分。今天我们所购买的电脑有双核和四核之分。言下之意，我们可以同时处理两项或四项任务。许多数据科学过程是为多核并行（同步运行）而设计的，目的就在于提升运行速度，增强处理能力。

相关话题

另见

数据收集 第16页
从数据中学习 第20页
统计学与建模 第30页

3秒钟人物

韦斯·麦金尼
Wes Mckinney
1985—
Python软件开发者，创建了多家与Python开发相关的公司。

哈德利·威克姆
Hadley Wickham
2006年成名
RStudio公司研究员、首席科学家，因开发多种R语言核心工具而闻名。

本文作者

文尼·戴维斯

数据科学家会选择一种适合当前任务的工具或编程语言。

回归

30秒探索数据大爆炸

回归是用于解释两个或多个相关测量结果之间的关系的方法，例如身高与体重之间的关系。基于先前收集的数据，回归可用于解释一个测量值与另一个相关测量值之间的关系。一般来说，回归能够在不同类型的测量结果之间建立简单的关系。例如，当一个测量值改变时，另一个测量值也会按照相应比例改变。对于数据科学家而言，回归有以下几种作用。首先，回归有望让数据科学家了解相关测量结果之间关系背后的深层原因，从而得以解释数据。例如，确定吸烟与癌症相关数据之间的关系有助于得出“吸烟会增加罹患癌症的风险”这一结论。其次，有了回归，只要观察一些测量结果就能预测未来的测量结果。如果我们知道某个人烟瘾有多大，我们就可以用回归来预测其未来罹患癌症的概率。我们之所以能够做到这一点，是因为此前我们已经掌握了其他人的数据，包括他们烟瘾的大小，后来是否得了癌症等。

3秒钟样本

回归能够根据已收集的数据预测数值，回归是数据科学中最重要的任务之一。

3分钟分析

用一个测量结果来预测另一个测量结果确实很简单，但是回归并非总是如此简单。有时回归模型需要纳入数百万条相关数据（例如DNA数据），有时不同数据之间的关系还极为复杂。此时我们就需要用到复杂的回归分析方法，但是要用到复杂的回归分析方法，必然离不开复杂的数学运算。为现有数据选择最佳的回归模型也是数据科学的重要组成部分。

相关话题

另见

数据收集 第16页
趋均数回归 第44页
过拟合 第56页

3秒钟人物

卡尔·弗里德里希·高斯
Carl Friedrich Gauss
1777—1855
德国数学家，于1809年发现了正态（高斯）分布，这是大多数回归方法的关键。

弗兰克·E. 哈勒尔
Frank E. Harrell
2003年成名
范德堡大学（位于美国纳什维尔市）生物统计学教授，因编撰教材《回归建模策略》而闻名。

本文作者

文尼·戴维斯

回归有助于数据科学家了解已收集数据的内在关系，并对未来做出预测。

1822年2月16日
出生于英格兰伯明翰

1844年
获剑桥大学文学学士学位

1850年至1852年
前往非洲西南部[今纳米比亚（Namibia）]旅行

1863年
绘制第一批现代气象图，发现反气旋现象

1869年
出版《遗传的天才》（*Hereditary Genius*）一书，这是首部关于天赋遗传的著作

1883年
首提“优生学”一词

1885年
发现趋均数回归现象，这是现代多元分析的基石

1888年
发现“相关性”并为之命名

1892年
出版《指纹学》（*Fingerprints*），开启法医学新纪元

1911年1月17日
于英格兰萨里逝世

FRANCIS GALTON

弗朗西斯·高尔顿率先提出统计关联研究框架，此乃现代数据分析之关键。高尔顿于1822年出生于一个显赫的英格兰家庭。后来，这个家庭又因他和他的表兄查尔斯·达尔文（Charles Darwin）而闻名遐迩。高尔顿曾就读于剑桥大学，读书期间，他发现形式数学并不适合自己，于是转而学医，结果又发现行医也并非他的志向。在高尔顿22岁那年，他的父亲去世了，给他留下了一笔可观的遗产，足以让他衣食无忧地度过余生。接下来的几年时间，高尔顿四处游历。从1851年开始的将近2年时间里，他甚至深入非洲西南部探险，还结识了那里的土著。有一回，他凭借自己的三寸不烂之舌，成功让两个部落化干戈为玉帛。

1853年，高尔顿终于安顿了下来，先是结婚成家，后又开启了科学生涯。最初他写了一些游记，接着绘制了新式气象图，发明了许多风、温度和气压读数符号。高尔顿从中发现了反气旋现象，即气压下降会逆转北半球的气旋运动。1859年，随着其表兄达尔文的著作《物种起源》的出版，高尔顿的主要研究兴趣转向了遗传学、人类学和心理学。他在研究中设计的统计方法影响最为深远。

高尔顿首次提出了“相关性”这一概念，并发现了趋均数回归现象，在某种程度上，我们甚至还可以称其为实施真正意义上的多元分析的第一人。高尔顿的思想为所有正规统计预测研究奠定了基础，也为20世纪贝叶斯分析的诞生奠定了基础。高尔顿提出了“优生学”一词，个中内容他既有褒扬，亦有贬损。多年以后，即20世纪中叶，有人打着“优生学”的旗号，干起了种族灭绝的勾当，而他们所宣称的所谓“优生学”恰恰是高尔顿当年大加贬损的内容。高尔顿反对世袭贵族爵位，支持将公民身份授予有天赋的移民及其后代。高尔顿对遗传学的研究接近于孟德尔遗传学，但并没有达到其高度，不过高尔顿确实对某些方法的提出有所贡献。1901年，孟德尔的著作被世人重新发现，之后，高尔顿的研究方法促进了生物学的飞速发展。高尔顿率先将指纹作为一种鉴定方法。1911年，高尔顿辞世，留下了一笔遗产。由于他膝下无子，这笔遗产被留给了伦敦大学学院，用于资助相关研究。

斯蒂芬·施蒂格勒
Stephen Stigler

聚类

30秒探索数据大爆炸

将数据样本分为相关集合是数据科学中的一项重要任务。当所收集数据的真实类别已知时，可使用标准回归分析（通常称作“监督学习”）来理解数据和相关类别之间的关系。然而，在所收集数据的真实类别仍然未知的情况下，应使用聚类分析或无监督学习。无监督学习旨在根据测量结果之间的相似性，将数据样本分到相关的集合中，接着阐释这些集合的含义，这些集合也可供其他决策参考。根据特征对动物进行分类是一种简单的聚类方法。例如，我们无须知道动物的具体种类，只需根据其腿或臂的数量，就可以创建一个基本的集合。所有有两条腿的动物可能会被归为同一个集合，有四条腿和六条腿的动物也是如此。简而言之，以上集合可以分别指鸟类、哺乳动物和昆虫，因此，聚类有助于增进我们对动物的了解。

3秒钟样本

有时，数据科学家并无法获得回归分析所需的所有数据，而许多时候，聚类可用于从数据中提取结构。

3分钟分析

奈飞（Netflix）用户并未被划分为特定的类别，但有些用户有着相似的观影偏好。用户看过和未看过的电影之间有着不同程度的相似性，基于此，用户可被分为不同的集合。虽然这些集合的含义难以解释，但这些信息可用于影片推荐。例如，如果一位用户还未观看过《钢铁侠》，而同一集合中的其他人都看过这部电影，那么这部影片就可以列入这位用户的推荐影片目录。

相关话题

另见
从数据中学习 第20页
回归 第24页
统计学与建模 第30页

3秒钟人物

特雷弗·哈斯蒂
Trevor Hastie
1953—
斯坦福大学教授，《统计学习要素》的合著者。

小威尔莫特·里德·黑斯廷斯
Wilmot Reed Hastings Jr
1960—
奈飞董事长兼首席执行官，他于1997年参与创建了当时只提供DVD（数字通用光碟）邮寄服务的奈飞公司。

托尼·贾巴尔
Tony Jebara
1974—
奈飞机器学习负责人，美国哥伦比亚大学副教授。

本文作者

文尼·戴维斯

聚类能够将数据分类，并帮助人们理解同类别的数据之间的关系。

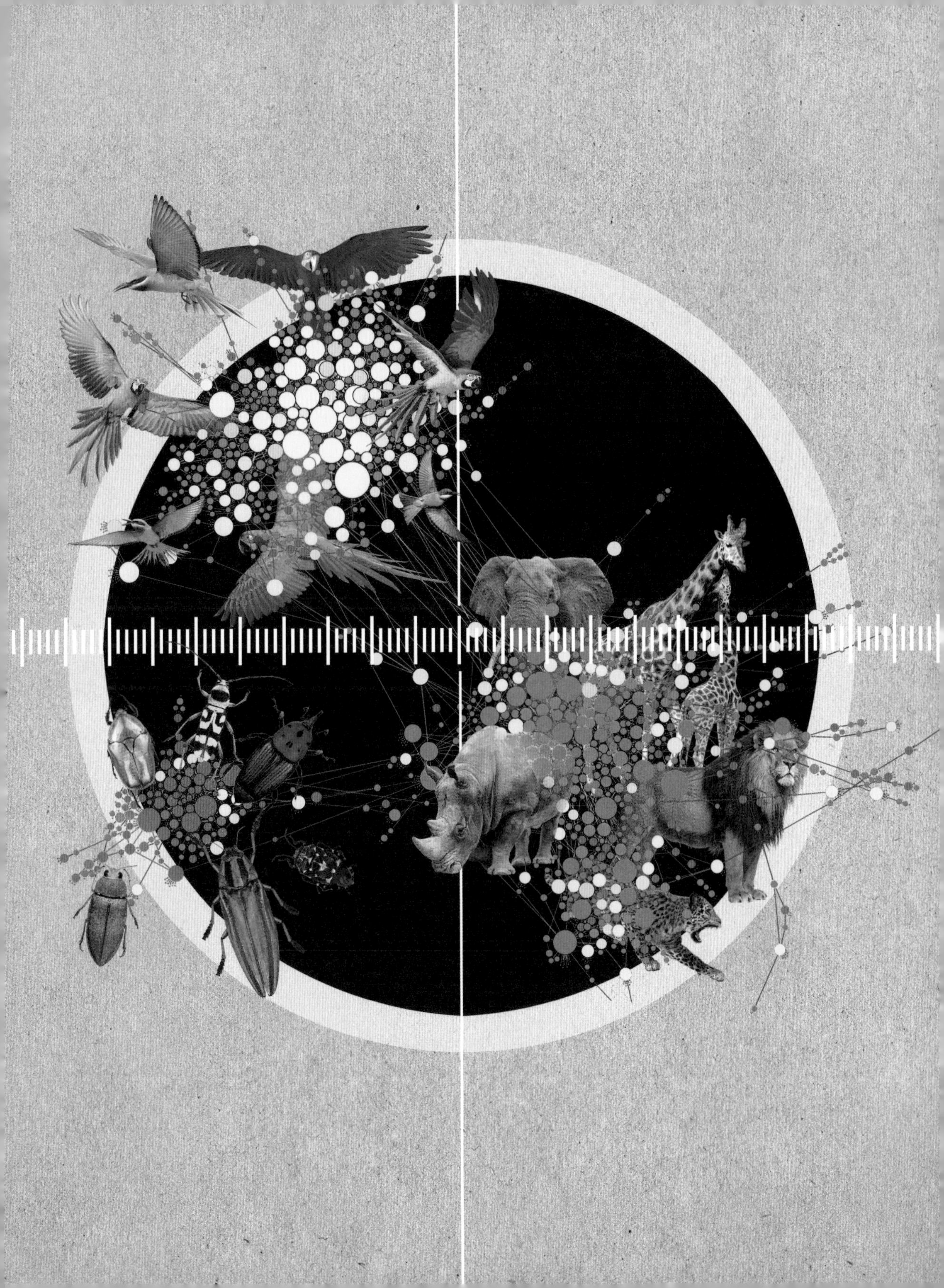

统计学与建模

30秒探索数据大爆炸

听到“统计学”一词时，大多数人都会联想到“统计数据”，例如百分比。虽然统计数据是数据科学的重要组成部分，但统计学学科其实更为重要，其中回归和聚类的统计建模方法是数据科学中最常用的技术。众所周知，作为一种数据分析技术，统计方法相对简单且易于解释。因此，对于大部分数据科学家来说，统计方法往往是他们的首选。为了让人更觉炫酷，人们往往会把这些方法称作“机器学习”。当然，这两者之间并无明显区别。统计建模方法远远不止是简单的回归和聚类技术，但它们几乎都有一个共同点，即可解释性。统计模型通常旨在明确不同测量结果之间的关系，得出可操作的结果，从而指导医药、社会等领域的政策的制定。统计模型的这一特征至关重要，因为它有助于确定测量结果之间的关系是出于巧合，还是源于统计数据之间潜在的因果关系。

3秒钟样本

统计学为我们提供了数据科学的许多基本要素，如百分比，但更为重要的是，提供了不计其数的统计建模方法。

3分钟分析

贝叶斯统计利用已知的先验信息（数据）为分析同一类型的未来数据提供指导。这些信息形式多样，包括相关研究中的测量结果或可能出现的一系列测量结果。在建立贝叶斯模型的过程中，我们可以将这些信息以结构化和数学的方式纳入模型中。因此，哪怕只有少量数据，我们也可以做出相对更加明智的建模选择。

相关话题

另见

回归 第24页
聚类 第28页
相关性 第42页

3秒钟人物

托马斯 · 贝叶斯
Thomas Bayes
1701—1761

英国统计学家、牧师，因提出贝叶斯统计学的核心——贝叶斯定理（Bayes theorem）而闻名。

戴维 · 考克斯
David Cox
1924—2022

英国著名统计学家、英国皇家统计学会前会长。

本文作者

文尼 · 戴维斯

统计学是数据科学的支柱，统计建模方法始终是研究新数据的首选。

6088
6076.00
6074.00

机器学习

30秒探索数据大爆炸

机器学习的理念是让计算机在无须人工辅助的前提下，学会以一种自动化的方式不断学习与提升。算法可以在系统中运行并自动做出决策，这通常有助于加快决策过程，减少人为错误。在这个系统中，机器学习算法利用接收到的数据预测未来，帮助系统在不同的选项之间运行、选择。随后，算法根据从接收到的信息中学到的内容进行自我更新，确保未来继续做出最佳决策。声田（Spotify）是机器学习在日常生活中得到运用的一个实例。这款音乐软件拥有数百万用户，能够根据用户听过的歌曲得知他们喜欢哪种类型的音乐。声田对刚开始使用这款软件的新用户知之甚少，因此只能随机推荐歌曲。但用户一旦开始听歌，算法就会不断了解他们的音乐偏好以及他们与其他用户的偏好之间的联系。用户听过的歌曲越多，算法就越准确，为他们推荐的歌曲也会更加精准。

3秒钟样本

机器学习使我们能够在没有人工干预的情况下从数据中学习，也使我们能够实现任务自动化，摒弃人工决策。

3分钟分析

《终结者》之类的电影让机器学习看起来令人毛骨悚然。那么，我们离机器夺走人类工作，人工智能防御系统天网（Skynet）占领世界还有多远呢？虽然机器可能会代替人类做一些简单的工作，但是要设计出一台真正智能的机器来完成所有人类工作，目前还不太可能。即使这种情况变成了现实，人类监督仍然不可或缺，这样才能确保机器不会做出任何泯灭人性的决定[或是创造出阿诺德·施瓦辛格（Arnold Schwarzenegger）在《终结者》中饰演的那种机器人]。

相关话题

另见

神经网络与深度学习 第34页
隐私 第86页
人工智能 第148页

3秒钟人物

杨立昆
Yann LeCun
1960—
纽约大学教授、脸书首席人工智能科学家。

吴恩达
Andrew Ng
1976—
斯坦福大学教授，因其在机器学习领域的成就而闻名，他还创立了谷歌大脑（Google Brain）项目和斯坦福大学大型公开在线课程项目Coursera。

本文作者

文尼·戴维斯

收集的数据越多，机器就学得越多，也就越聪明。

神经网络与深度学习

30秒探索数据大爆炸

神经网络是最常见的机器学习方法之一，最初它是科学家从人脑中得到启发提出的。与人脑一样，神经网络由相互连接的（人造）神经元组成，这些神经元能够解释图像以及其他类型的数据。神经网络在日常生活中起到了很大作用，能够识别智能手机照片中的人脸，还能读取信封上的地址，确保它们能够送达正确的地址。深度学习是一组基于神经网络展开的机器学习方法的统称，其中有着大量的相互连接的人造神经元层。深度学习的用途之一是分析和回应信息，这些信息可能是以文本的形式（例如智能客服机器人）出现的，也可能是以语音的形式（例如亚马逊语音助手Alexa和苹果智能语音助手Siri）出现的。然而，深度学习最大的用途是图像处理。深度学习可用于分析无人驾驶汽车捕捉的图像，解释结果，并建议汽车根据需要调整行驶路线。目前，深度学习也开始被应用于医学领域，用以分析利用磁共振成像（MRI）或X射线等技术形成的图像，成了识别肿瘤病变等的有效方法。

3秒钟样本

许多现代技术都离不开神经网络与深度学习。正是因为神经网络与深度学习的诞生，我们才有了无人驾驶汽车和虚拟助手。

3分钟分析

亚马逊推出了一家“免扫描支付”超市。你只要挑好东西，放进包里，就可以走人了。这家超市的工作原理是：拍摄顾客购物情景，利用深度学习识别顾客挑选的每一件商品，并记录顾客是将商品放进了包里还是放回了货架上。顾客一离开超市系统就会自动结算。

相关话题

另见

机器学习 第32页
IBM沃森与谷歌阿尔法围棋 第94页
人工智能 第148页

3秒钟人物

弗兰克·罗森布拉特
Frank Rosenblatt
1928—1971
美国心理学家，因开发出第一种类似现代神经网络的技术而闻名。

约书亚·本吉奥
Yoshua Bengio
1964—
加拿大计算机科学家，因其在神经网络和深度学习方面的贡献而闻名。

本文作者

文尼·戴维斯

深度学习是一个极其先进的领域，未来它的流行程度将取决于人们对它的信任程度。

不确定性 ◑

术语

算法偏差 算法通过处理人类执行同一任务的种种例子来学习如何做出决策。如果这些数据的来源有所偏差，那么模型通过学习，也会复制这些偏差。

自动化系统 由计算机执行重复性任务或计算的系统，如机场的自助通关系统、无人驾驶汽车系统和语音识别软件系统等。

因果关系 如果某一变量的变化直接导致另一个变量的变化，那么这两个变量之间就存在因果关系。

相关性 如果某一变量的变化与另一个变量的变化有关，那么这两个变量之间就存在相关性。

交叉验证 在数据集的不同子集上拟合、测试预测模型的一种方法。交叉验证可用于微调模型参数，也能够更好地评估模型性能。

数据点 一条信息。单一数据点可能包括几个数值或变量，前提是它们都与某个实测值有关。

盖洛普民意测验 盖洛普公司进行的一系列定期调查，旨在调查公众对一系列政治、经济、社会问题的看法。

自然变动 人口或自然世界随时间发生的变化或波动，例如一个国家的出生率随时间发生的自然变动。

噪声 从真实世界中收集或测量的数据的随机变化。最大限度地减少或考虑数据中的噪声影响是诸多统计分析的关键步骤。

非概率抽样 一种从总体中抽样的方法。在这一抽样法中，所有样本被选择的概率不等。

无应答偏倚 能够或愿意回应调查的人与不能或不愿回应的人之间有显著差异而造成的偏倚。

零假设 在这一假设中，各个总体间并无显著差异，即任何被观察到的差异都出于误差、噪声或自然变动。

p值 在零假设成立的前提下，实验中观察到的结果出现的概率。

预测模型 一种用输入值预测输出值的数学模型。

正则化 一种防止模型过拟合的方法。

样本 总体中被选中参与研究、实验或分析的子集。

抽样 选择总体中的某些个体参与研究、实验或分析。

选择偏倚 当所选样本不具有代表性时就会出现选择偏倚。

自我选择偏倚 当参与者将自己置于研究或研究小组中时，可能会导致某样本有偏倚或是无法代表总体。

统计上显著的 一种在零假设成立的前提下出现概率极低的情况。例如，如果一项研究调查的是喝咖啡的学生是否会比不喝咖啡的学生考试成绩优异，那么零假设就是“喝咖啡的学生和不喝咖啡的学生在考试成绩上没有差异”。如果研究发现二者在考试成绩上有显著差异，那么零假设就不成立。

时间序列分析 对随时间变化的数据或变量的分析，包括确定数据的季节性趋势或变化模式，或是预测变量未来的取值。

训练数据 包括输入值和对应的输出值，可以拟合至许多机器学习模型中。模型“学习”输入值与输出值之间的关系，从而能够预测全新输入值的输出值。

基于时间的单变量与多变量数据 基于时间的单变量数据包括单个变量随时间变化的值，而基于时间的多变量数据包括多个变量随时间变化的值。

抽样

30秒探索数据大爆炸

“垃圾进，垃圾出”：数据科学家都知道，数据质量决定结果质量，因此大多数数据科学家都明白要密切关注测量值的收集。当数据分析师掌握了整个总体的数据（比如奈飞会记录其订阅用户的观影习惯）时，他们只需通过计算数字便可得出结论。但掌握整个总体的数据其实是不切实际的。在医疗诈骗犯罪调查中，“完整的总体”是数以万亿计的医疗索赔记录，但律师可能会让数据科学家有策略地选择记录中的一个子集，并从中得出结论。其他时候，如在政治民调中，只有样本可供使用。如果样本是随机选择而得，此时就需要统计学理论来告诉我们，从样本到对总体的概括有多大的可信度。数据科学家越来越依赖所谓的“非概率抽样”，即非随机地选择样本。因此，使用推特（Twitter）数据来跟踪某位候选人或某个品牌的人气并非选择了一个具有代表性的随机样本，但这一方法仍有其意义。

3秒钟样本

在无法测量或问询整个目标总体时，就要抽取一个样本，但如何抽样既是一门艺术，也是一门科学。

3分钟分析

1936年，美国正处于大萧条时期，一位时任某州州长的共和党人士想要取代罗斯福成为新一任的美国总统。当时美国最具影响力的杂志《文学文摘》（*Literary Digest*）做了民意测验，并根据收回的240万选民的测验结果得出一个预测：这个发起挑战的共和党人士将以压倒性优势获胜。但这一预测大错特错：最后罗斯福大获全胜。这是怎么回事呢？因为样本量虽大但有偏差；该杂志的调查对象是其订阅客户——汽车拥有者和电话用户，他们都比一般人富裕。之后不到2年，《文学文摘》就关门大吉了，一门新的学科——抽样统计学诞生了。

相关话题

另见
数据收集 第16页
抽样偏倚 第48页
投票科学 第90页

3秒钟人物

安诺斯·尼科莱·基埃尔
Anders Nicolai Kiaer
1838—1919
最先提议抽取代表性样本进行研究，而非对总体中的所有个体进行调查。

W. 爱德华兹·戴明
W. Edwards Deming
1900—1993
于1950年撰写了一本有关抽样调查的书，该书是该领域最早的相关著作之一，至今仍在发行。

乔治·霍勒斯·盖洛普
George Horace Gallup
1901—1984
美国调查抽样方法的先驱，盖洛普民意测验首创者。

本文作者

雷吉娜·努佐
Regina Nuzzo

统计学家甚至会竭力从毫无规律的样本中得出精确的结论。

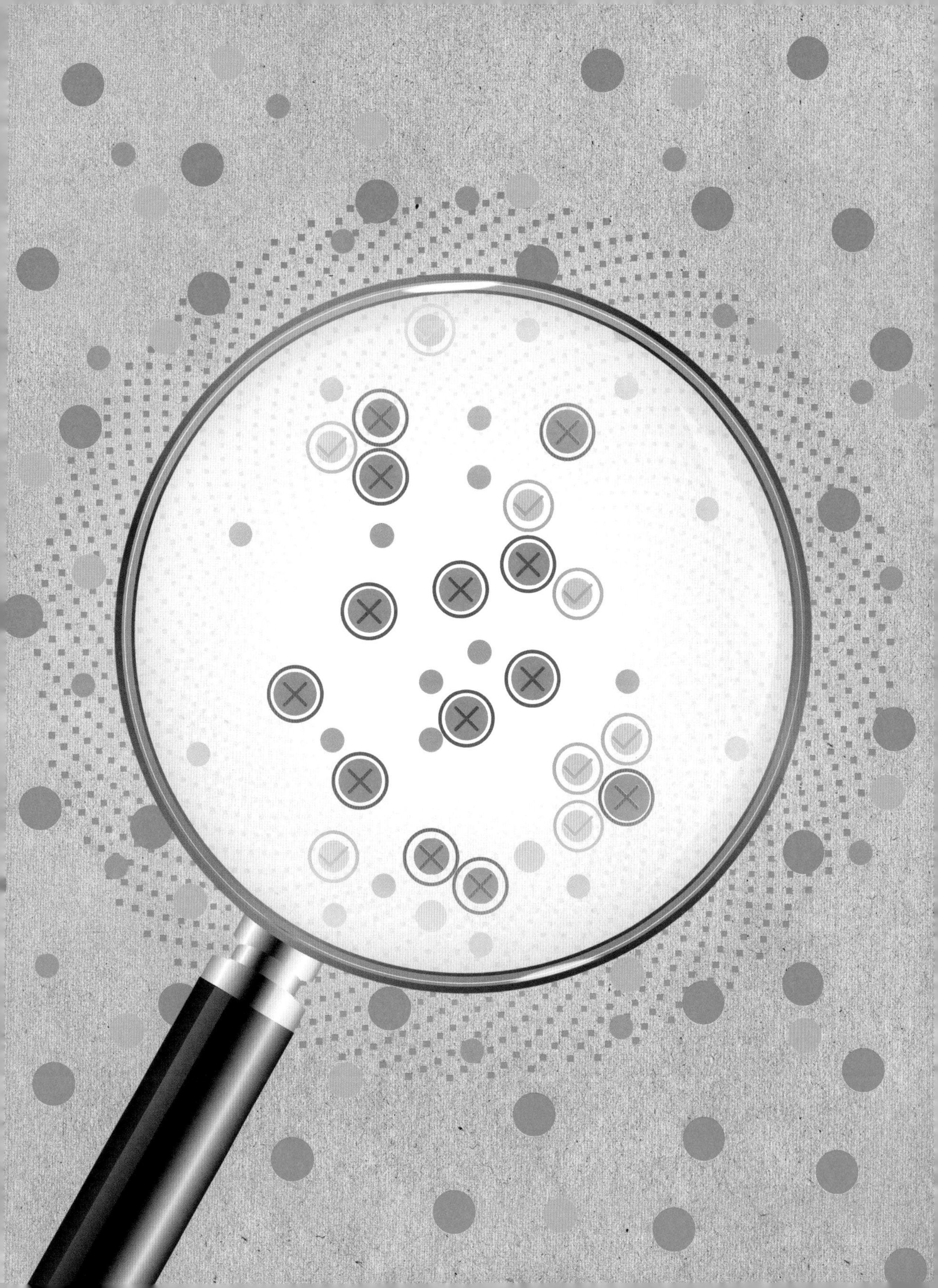

相关性

30秒探索数据大爆炸

相关性是数据集中两个特征之间的“关联”程度，类似于舞者步调的一致程度。正相关意味着舞者或多或少朝着同一个方向变动，例如，当原油价格上涨时，汽油零售价格也会上涨。负相关意味着舞者节奏同步，但方向相反，例如网站加载时间越长，客户购买率越低。相关性只用于捕捉线性关系，在线性关系中，两个特征在图表上可绘成一条直线。这意味着员工活力、客户满意度等企业特征之间可能是“零相关”的，这背后藏着一个有趣的概念：曲线关系（curvilinear relationship），即客户不喜欢过于活泼的员工，也不喜欢死气沉沉的员工。此外，相关性不同于因果关系。冰激凌的销售量与溺死事件的数量呈正相关，但这当然并不意味着禁售冰激凌就能挽救生命。主要原因通常是第三个特征（每日气温）。研究人员应明智地利用所有可用的信息来确定看似显而易见的因果关系是否属实。

3秒钟样本

现代数据科学的核心在于一个简单到出乎意料的概念：两个事物之间有多强的同步性？

3分钟分析

2014年，在期末考试周来临前一周，哈佛大学法学院学生泰勒·维根（Tyler Vigen）推出了一个趣味项目：他开始有意在多个数据集中寻找尽可能多的出于巧合的相关性。他的网站“伪相关”（Spurious Correlations）迅速走红。一时间，网站访问量高达数百万。网站上展现了各种奇葩组合，比如因被床单缠住而死亡的死者人数与美国人均奶酪消费量这样的变量组合，随着时间推移而展现出了高度相关性。

相关话题

另见

趋均数回归 第44页
过拟合 第56页

3秒钟人物

卡尔·皮尔逊
Karl Pearson
1857—1936
英国数学家，提出了皮尔逊相关系数，这是最常用的测量相关性的指标之一。

朱迪亚·珀尔
Judea Pearl
1936—
以色列裔美籍计算机科学家和哲学家，致力于帮助研究人员区分相关性和因果关系。

本文作者

雷吉娜·努佐

阐释动态关系的图表是数据科学家最有效的工具。

趋均数回归

30秒探索数据大爆炸

统计学是否能解释以下这个奇怪的现象：为何顶尖的运动员新秀一举成名后，就会在接下来的一个赛季中跌落神坛呢？通常来说，他们之所以陷入这种低谷，是因为他们在首次比赛中表现出色，随之而来的压力与关注让他们喘不过气。但数据科学家对这种现象有着更深刻的理解——这只是一个叫作趋均数回归的统计学现象。这一现象并非仅限于体育运动；它的例子比比皆是。为什么绝顶聪明的女性更愿意嫁给不如自己聪明的男性？为什么一家公司在某个季度赚得盆满钵满之后就会立刻走下坡路？为什么当有人说“哇，今天无事发生”的时候，医院急诊科可能会立刻人山人海？或许这些现象并不是因果循环（或迷信的厄运）。趋均数回归现象的存在意味着极端事件不会一直发生；它们往往会自动回归平均水平。这并不意味着数据之间的关联消失了——相反，体育天才依然存在，良好的财政管理仍在继续。一个人可能会运气爆棚，从而平步青云，但是这种运气也许很快就会消失不见。数据科学家知道应时刻警惕这种影响，以免受到蒙蔽，错过数据的真实走向。

3秒钟样本

“凡事有起必有落”，这一道理虽然显而易见，但在统计学中很容易被忽视，它也会导致一些莫名其妙的趋势的出现。

3分钟分析

有的测量值超过了某个阈值，在分析以此为基础选择出来的数据时，趋均数回归尤其重要，例如，最后一次血压测量值不正常的患者，或抑郁症状突然加重的患者。事实上，无论采用何种手段（包括药物治疗、心理治疗、安慰剂治疗或干脆什么都不用做），大约1/4的急性抑郁症患者都会有所好转，这导致一些研究人员对普通抑郁症疗法的有效性提出了质疑。

相关话题

另见
回归 第24页
相关性 第42页

3秒钟人物

弗朗西斯·高尔顿
Francis Galton
1822—1911
在其有关遗传学与身高关系的研究中，首次提出了趋均数回归这一概念。

丹尼尔·卡内曼
Daniel Kahneman
1934—
诺贝尔奖获得者，提出趋均数回归可用于解释为什么惩罚能够激励人的表现。

本文作者

雷吉娜·努佐

统计学有助于解释天才的运动生涯与生活中的跌宕起伏。

置信区间

30秒探索数据大爆炸

如果你足够幸运，能够得到总体数据（如某网络销售平台去年的销售总额），那么你只需进行数字运算，即可不费吹灰之力地得出真实的平均值。但是当你只能得到总体中某个样本的数据时（如100万名客户中仅1000人的满意度），要想获知真实平均值就困难重重了。当然，你也可以计算出所得样本的平均满意度，但这仅能反映这特定的1000名客户的情况。如果你得到了随机的另外1000名客户的数据，你计算出的平均值又会截然不同。那我们如何得知100万名客户的平均满意度呢？这时候，置信区间就有了用武之地，统计学家便是利用这一工具追求他们的终极目标的，即通过有限的信息了解世界全貌。统计学家探索出了巧妙绝伦的数学方法，即从一个样本中提取信息，从而得出总体的平均值范围。因此，“一个样本的平均满意度是86%”这一说法不够严谨，“整个客户群体的平均满意度为84%至88%”的说法才更具价值。

3秒钟样本

置信区间神乎其神，因为它能够利用有限信息推断整个总体的情况。

3分钟分析

有些记者报道的数字根本不在置信区间内，对此，我们应该多加注意。例如，2017年《星期日泰晤士报》（*Sunday Times*）的一篇文章强调，据报道，英国就业人数减少了5.6万人，称“这可能预示着就业情况将进入严重的疲软期”。然而，我们研究一下英国国家统计局（Office for National Statistics）的报告就可以发现，就业人数的真实变化有一个置信区间，两个端点分别为减少了20.2万人和增加了9万人。因此，就业情况或许根本就没有恶化——实际上还可能有所改善。

相关话题

另见
抽样 第40页
统计显著性 第54页

3秒钟人物

耶日·内曼
Jerzy Neyman
1894—1981

波兰数学家、统计学家，在其1937年发表的一篇论文中提出了置信区间。

本文作者

雷吉娜·努佐

统计学的闪光之处在于胸有成竹地纵观全局，得出结论。

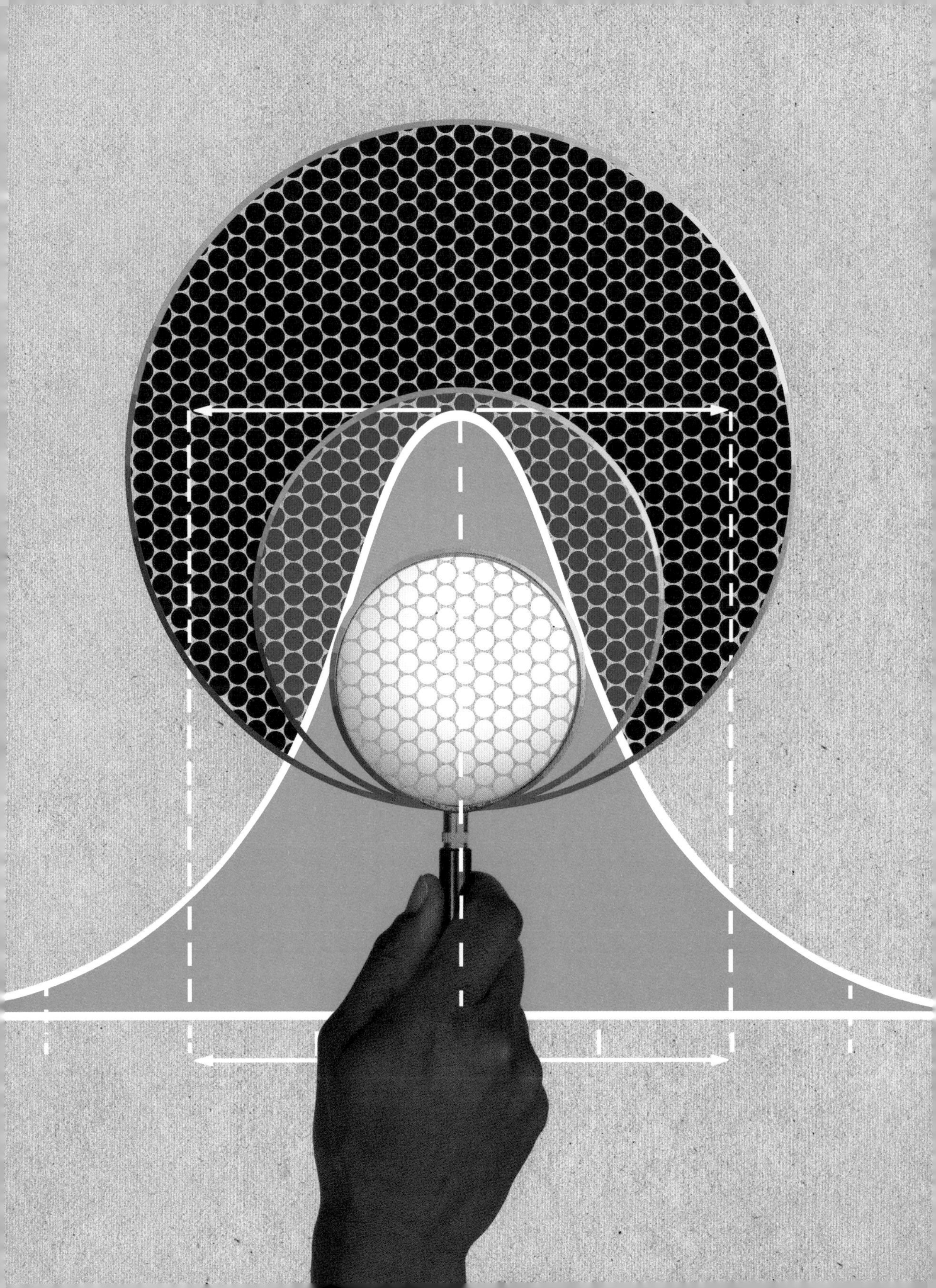

抽样偏倚

30秒探索数据大爆炸

数据点如同金块，因此数据科学家都迫切地将自己搜寻到的数据收入囊中。机智的数据分析师会做更有价值的事：他们驻足观望，了解那些隐匿于视线之外的数据。那些被遗漏的数据是否与易于收集的数据有着系统性差异？举个例子，一份报告以针对男科诊所患者的调查为基础做出估计，10%的男性患有阳痿。当入选个体与未入选个体在重要方面（比如这里的性健康）有所不同时，这种样本选择偏倚就会出现。自我选择偏倚也与之相关，例如，如果只有脾气暴躁的客户花时间接受服务满意度调查，那么统计者得出的满意度很可能会很低。无应答偏倚也同样存在，例如，最有可能放弃治疗的个体恰恰可能是病情最严重的个体。如果研究人员忽略了这一事实，那么医学研究就会偏离正确方向。对偏倚问题进行统计上的纠正有时确实可行，但最为困难的往往是在第一时间就要意识到偏倚的存在。

3秒钟样本

数据集之外的数据比数据集之中的数据更为重要，这应该称得上是数据科学中的一个悖论。

3分钟分析

在第二次世界大战中，美军收集了从欧洲战场返回的飞机上的弹孔数据。他们研究了这些飞机哪个部位的子弹密度最大，即哪个部位遭到了最多的射击，这样他们就可以知道应该加强哪个部位的装甲。统计学家亚伯拉罕·瓦尔德提出了截然不同的看法。他指出，这些数据只显示了成功返航的飞机在何处受到射击，但其他部位遭到射击的飞机都已坠毁。因此，他建议在没有弹孔的部位加强装甲。

相关话题

另见

数据收集 第16页
抽样 第40页
过拟合 第56页

3秒钟人物

亚伯拉罕·瓦尔德
Abraham Wald
1902—1950

罗马尼亚裔美籍数学家，研究了第二次世界大战中的飞机战伤，阐明了幸存者偏差（survivorship bias）的概念。

科琳娜·科尔特斯
Corinna Cortes
1961—

丹麦计算机科学家，谷歌研究院负责人，研究样本偏差修正理论。

本文作者

雷吉娜·努佐

经验丰富的数据科学家会探寻数据收集过程中的漏洞，并分析其潜在影响。

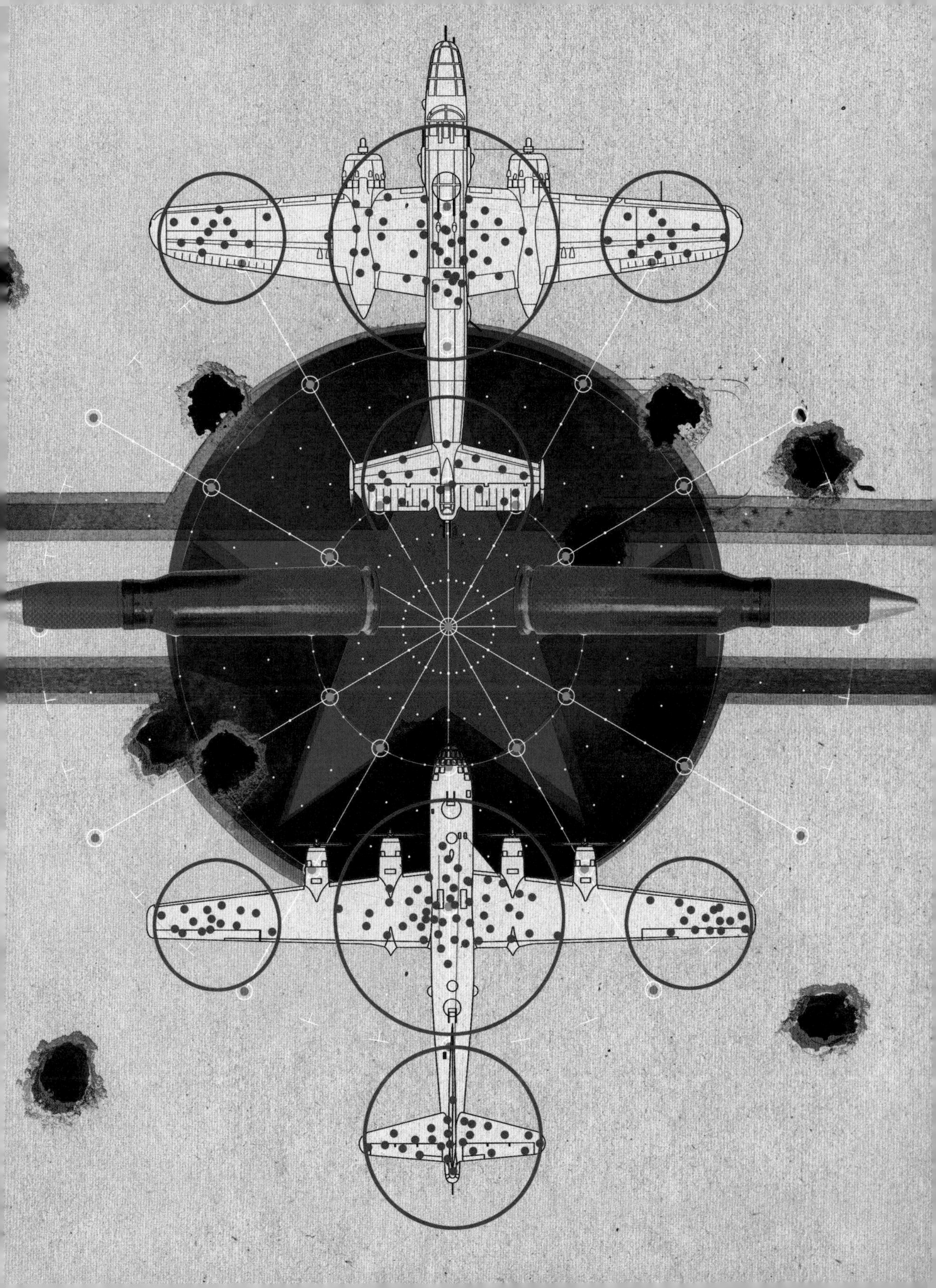

算法偏差

30秒探索数据大爆炸

人类在执行同一项任务时会有不同的表现，算法正是通过处理这些不同的例子来学习如何做出决策的。量刑算法的训练基于成千上万条法官所做出的历史性判决与有关罪犯及其罪行的信息。有些法官对某类人的判决更为严厉，如果这些法官被当作这些训练数据的来源，那么他们的偏见就会被复制到模型之中。2018年，麻省理工学院媒体实验室（MIT Media Lab）称，美国微软公司及美国IBM公司（International Business Machines Corporation，国际商业机器公司）所开发的面部识别系统在识别女性面孔时效果欠佳，在识别肤色较深的女性时频频出错。由于英美警察已经开始测试用于预防犯罪的自动面部识别系统，此类系统若是不够精确，总是发出虚假警报，公民自由将大大受限。2018年，亚马逊停用了简历自动筛选工具，因为该工具持有性别偏见。其系统的运行以此前应聘成功者的数据为基础，而由于技术行业从业人员中男女比例失衡，这些应聘成功者大多为男性。因此，求职申请中若是含有更可能出现在女性简历中的字眼（如“女足”），应聘者就会处于劣势。通过学习，该算法将男性简历等同于成功，而将女性简历等同于失败。

3秒钟样本

计算机会持有种族偏见、性别偏见或是患恐同症吗？人类的偏见往往会被植入自动化系统，从而严重危害社会中最脆弱的群体。

3分钟分析

由于许多机器学习模型都是由私营企业开发的，它们的培训数据和源代码都不接受开放审查。这给调查算法偏差的记者带来了巨大挑战。2016年，新闻机构ProPublica利用《信息自由法案》（Freedom of Information Act，FOIA），要求对美国的犯罪风险评估算法COMPAS实施逆向工程。该机构揭露了这一算法中蕴含的种族偏见，对人工智能的监管和透明度提出了质疑。

相关话题

另见
抽样偏倚 第48页
人工智能 第148页
监管 第150页

3秒钟人物

乔伊·博拉姆维尼
Joy Buolamwini
2011年成名
麻省理工学院媒体实验室计算机科学家、数字活动家、算法正义联盟（Algorithmic Justice League）创始人。

本文作者

玛丽亚姆·艾哈迈德
Maryam Ahmed

处处都可能存在偏差，这听起来似乎言过其实，但算法偏差带来了一个非常现实的问题，需要创造性手段予以解决。

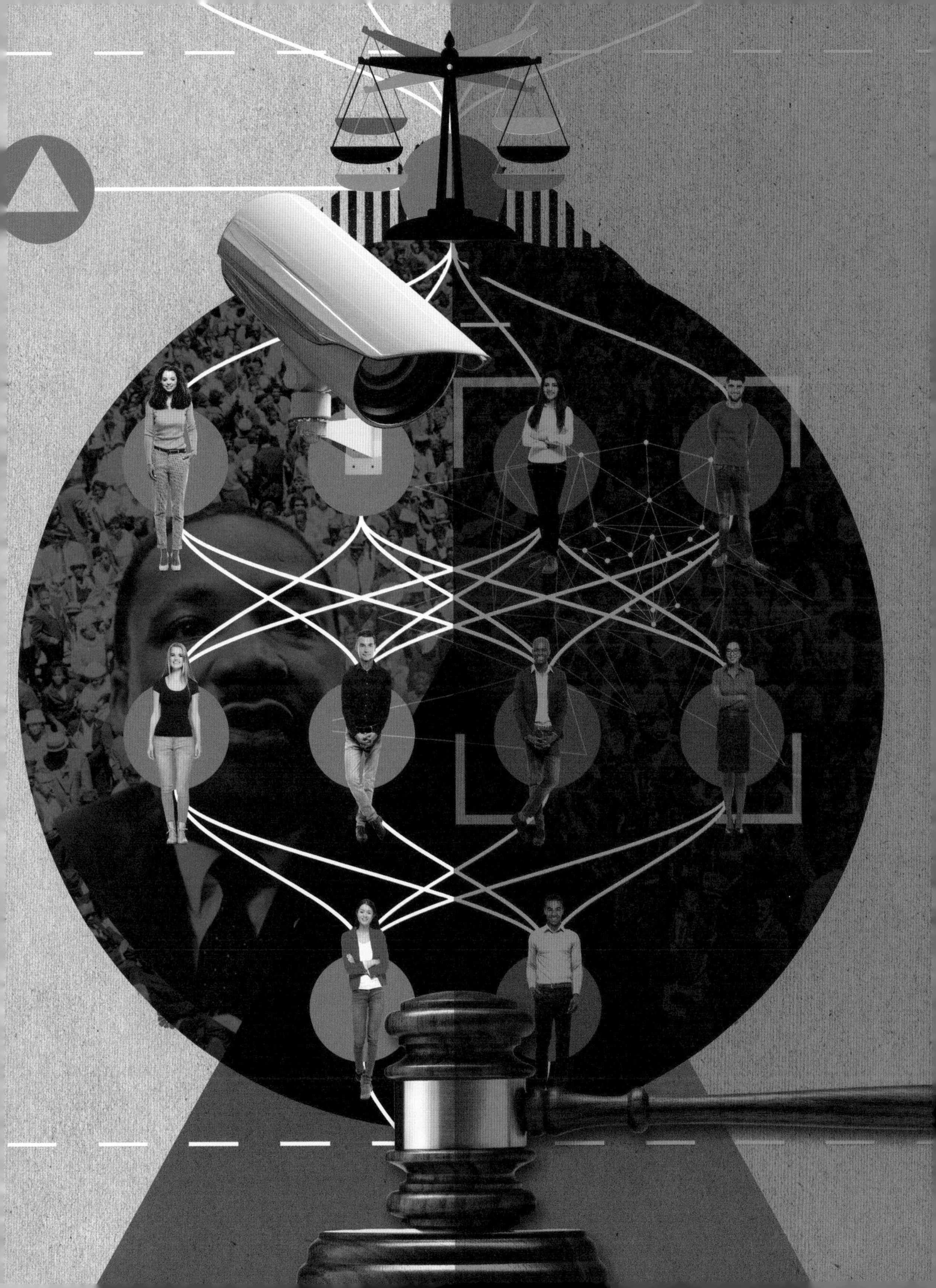

1919 年 10 月 18 日
出生于英格兰肯特郡

1953 年
获得伦敦大学学院博士学位

1959 年
同琼·费希尔（Joan Fisher）结为夫妻；1978 年，在琼撰写其父亲罗纳德·A. 费希尔（Ronald A. Fisher）的传记时，为她提供了一些统计学方面的建议

1960 年
移居至美国威斯康星州麦迪逊市，并在威斯康星大学麦迪逊分校创办了统计学系

1970 年
与格威利姆·詹金斯（Gwilym Jenkins）共同出版了《时间序列分析》（*Time Series Analysis*）一书；在之后几年中，他同其他作者一道以各种等式法为基础，提出了多种预测方法

1973 年
出版《统计分析中的贝叶斯推理》[*Bayesian Inference in Statistical Analysis*，与刁锦寰（George C. Tiao）合著]

1978 年至 1979 年
任美国统计学会主席、国际数理统计学会主席

1985 年
当选伦敦皇家学会会员

2013 年 3 月 28 日
于美国威斯康星州麦迪逊市逝世

乔治·博克斯

GEORGE BOX

乔治·博克斯1919年出生于英国。他大学主修化学，第二次世界大战期间应征入伍。在从军期间，他首次接触到了统计学，同时在解释实验数据时遇到了难题。有人建议他去请教英国统计学家、遗传学家罗纳德·A. 费希尔。战争期间，费希尔在剑桥大学的实验室一直处于关闭状态，因此他当时在家工作。这次拜访为博克斯打开了“数据科学”（这一术语当时还不为人知）的大门。第二次世界大战结束后，他进入伦敦大学学院攻读硕士学位。此后，他规划了自己的人生路线，专注于研究统计学在科学调查和工程勘察中的作用。

早年，博克斯是帝国化学工业公司统计员，曾参与过实验设计。在其早期发表的一篇论文中，他将“稳健性”（robustness）一词及其概念引入统计学：称某些（“稳健的”）统计程序具有效度，可承受相对于其关键适用条件的重大偏离。几年后，博克斯于1960年移居至麦迪逊市，在威斯康星大学麦迪逊分校创办了统计学系。期间，他也在普林斯顿待过，并在那里结识了罗纳德的女儿琼·费希尔，并与之结为夫妻。他在麦迪逊市度过了余生，并完成了他最具影响力的工作。

博克斯大力倡导合作科研。每周，他都要举办著名的晚间“啤酒研讨会”。在会上，一位科学家会简要地提出一个问题，参会人员集思广益，提出创新性的解决方案，其中一些方案产生了深远的影响。他与几位合著者一道提出了时间序列分析法，以处理基于时间的单变量与多变量数据，为贝叶斯方法（Bayesian method）的使用开拓了新思路，并提出了新的实验设计方法。这些方法包括“调优操作”（evolutionary operation），即在生产现场进行实验，让生产线工人在不中断生产的情况下不断优化操作。博克斯大力倡导“应始终把科学问题摆在第一位”以及“把实验设计好才是重中之重”。博克斯会用数学模型，但他也曾说过一句著名的话以警醒世人：“所有模型都是错误的，但有些模型是有用的。”2013年，他于麦迪逊市逝世。

斯蒂芬·施蒂格勒

统计显著性

30秒探索数据大爆炸

了解p值意义重大，就如何从数据中得出结论而言，这个小数的作用不容小觑。这里的“小”是字面意思：p值是介于0到1之间的小数。当你对世界怀有疑问但所掌握的数据有限时，就可以通过计算p值找寻答案，比如：“这是真事，还是只是巧合？”如果你抛100次硬币，每次都是正面朝上，你可能会怀疑这枚硬币只有正面，但不管概率多么微小，这枚硬币仍有可能是有反面的。p值有助于消除疑虑，检验是否事出偶然。在传统意义上，p值小于0.05的结果被标记为“统计上显著的”（如抛硬币时，5次都是正面朝上）。有了“统计显著性”作为保证，人们就能安心做出决定了。但是，0.05的阈值并不稀奇，一些专家正鼓励研究人员将统计显著性抛诸脑后，根据其变动范围来估计p值。

3秒钟样本

数据集中那些有趣的模式是随机的吗？一个拥有百年历史的统计工具能够解答这个问题。

3分钟分析

p值很容易被破解。2015年，世界各地的媒体纷纷报道说，有一项研究表明巧克力有助于减肥。接着，原作者披露了真相：他是一名记者，数据是随机的，他所得的结果只不过是碰巧发生的而已。他知道在5%的研究中，p值会碰巧小于0.05。因此，他对随机数据进行了18次独立的分析，然后只报告了具有明显统计显著性的数据。

相关话题

另见

统计学与建模 第30页
抽样 第40页

3秒钟人物

卡尔·皮尔逊
Karl Pearson
1857—1936
英国统计学家，正式提出p值的第一人。

罗纳德·费希尔
Ronald Fisher
1890—1962
英国统计学家，1925年出版了一本面向研究人员的著作，普及了p值。

本文作者

雷吉娜·努佐

***p*值有助于统计学家判断结果是否带有随机性：这一统计数据的“黄金标准”其实存在某些重大缺陷。**

P

过拟合

30秒探索数据大爆炸

建立预测模型的前提是确定描述输入值与输出值关系的函数。例如，数据科学家想要根据大学生的课堂出勤率预测其期末成绩。为了达到这一目的，数据科学家会将一个由成千上万个数据点组成的训练集拟合为函数，训练集中的每个数据点代表一个学生的出勤率和成绩。优秀的模型会体现成绩和出勤率之间的潜在关系，而非数据中的“噪声”或自然变动。在这个简单的例子中，可靠的模型应体现出线性关系。由于模型泛化了整个学生总体的数据，它可以用新的学生出勤率来预测他们的期末成绩。一个过拟合的模型会涉及非必要的参数；过度热情的数据科学家不会对上述训练集进行线性拟合，他们会使用极其复杂的模型，将训练数据完美地拟合成蜿蜒的曲线。这种模型的泛化能力不足，且在处理新数据时表现不佳。复杂模型并非总是最好的选择，理解这一点至关重要，有助于弘扬负责任的、深思熟虑的数据科学作风。

3秒钟样本

小心那些可完美拟合数据的复杂模型。它们的拟合度可能过高，在面对新的数据点时预测效果可能不佳。

3分钟分析

有些方法可以防止过拟合。交叉验证是指在训练数据的某个子集上训练模型，在其余子集上测试其性能，从而估计模型在实践中的运行情况。正则化（regularization）是指对过于复杂的模型进行惩罚。在出勤率与成绩的例子中，线性模型优于曲线模型。

相关话题

另见

回归 第24页
统计学与建模 第30页
机器学习 第32页

本文作者

玛丽亚姆·艾哈迈德

如果某个模型表现得过于优秀，不像真的，那么它很可能就不是真的！

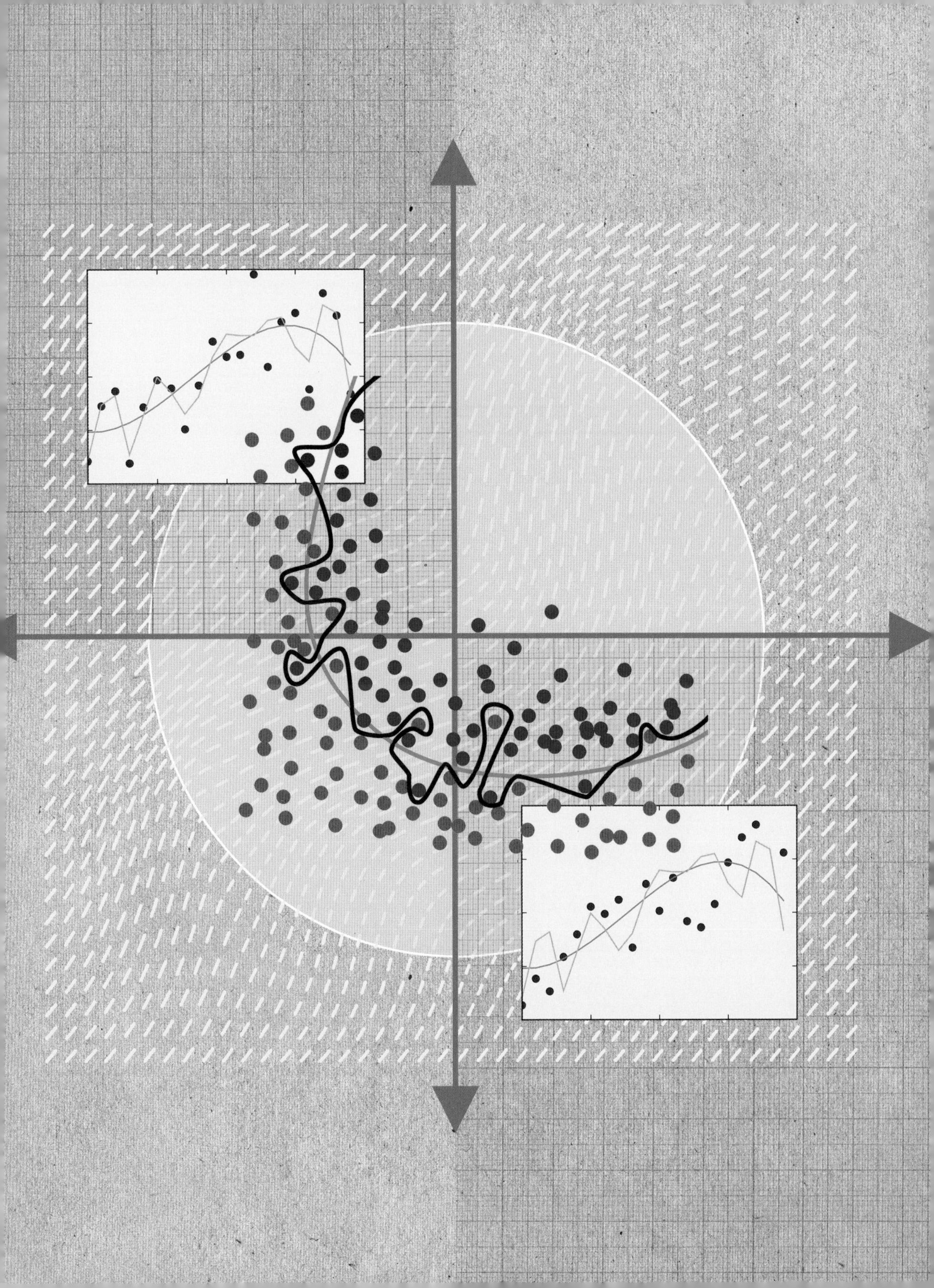

科学

术语

人为的 由人类造成的事件或现象，如气候变化。

盲法分析 研究人员在找不到正确的测量方法或答案时采用的分析方法，旨在将偏差最小化。

因果关系 如果某一变量的变化直接导致另一个变量的变化，那么这两个变量之间就存在因果关系。

相关性 如果某一变量的变化与另一个变量的变化有关，那么这两个变量之间就存在相关性。

数据集 以结构化和标准化格式存储的一组信息，其中可能包含数字、文本、图像或视频等。

排错 查找并纠正计算机编码中的错误。

诊断 既指对某些问题（特指人体疾病或健康状况）的识别，也指对计算机漏洞的识别。

DNA 控制生物体的发育、特征和机能的遗传密码，通常存在于细胞核中，由两条呈双螺旋状排列的多核苷酸链组成。大多数人的基因组或遗传密码都是独一无二的。基因工程的最新进展即插入、删除与修饰DNA中的遗传物质。

流行病学证据 接触危险因素（如吸烟）与疾病（如肺癌）发生率之间的相关性。

实验设计 设计可靠的研究或实验，以确保从研究结果或实验结果中得出的结论具有可靠性与统计显著性的过程。实验设计包括精选实验对象以避免抽样偏倚，确定样本大小，以及选择适当的方法分析结果。

基因编辑 通过插入、删除或修饰生物体的DNA以编辑其基因组的过程。

基因组 有机体中的遗传物质或染色体的总和。人类基因组由23对染色体组成。

温室气体 大气中能吸收并重新发射辐射的一些气体，地表变暖的原因之一。温室气体导致了所谓的“温室效应”，而“温室效应”是地球上的生命得以维持的必要条件之一。人类活动导致了大气中温室气体浓度的增加，从而加剧了温室效应与全球变暖。温室气体包括水汽、二氧化碳与甲烷等。

独立复制 独立研究人员对研究或实验进行的验证。验证过程通过重复原先研究人员遵循的程序得以完成，以确保结果是可以复制的。

随机试验 将试验对象随机分配至试验组中的试验设计。例如，在随机药物试验中，试验对象会被随机分配至对照组（接受安慰剂治疗的小组）或试验组（接受试验药物治疗的小组）中。

趋势线 将某一变量随时间变化的总体方向或趋势可视化的一种方法。趋势线有着不同的计算方法，包括通过线性回归计算移动平均线、最佳拟合直线等。

欧洲核子研究中心与希格斯玻色子

30秒探索数据大爆炸

1964年，彼得·希格斯、弗朗索瓦·恩格勒特、杰拉尔德·古拉尔尼克（Gerald Guralnik）和C. R. 哈根（C. R. Hagen）提出了希格斯机理（Higgs mechanism）以解释宇宙中质量的来源。但这一机理得以成立的前提是基本粒子“希格斯玻色子”的存在，这一（萍踪难觅的）粒子便是其他基本粒子的质量来源。科学家将粒子以极高的能量对撞，记录由于粒子能量变化而产生的新粒子数量，以期（在特定能级的对撞中）发现能量尖峰，这反过来也证明了具有此种能量的粒子（如希格斯玻色子）的存在。欧洲核子研究中心是举世闻名的实验室。在这里，科学家建造了大型强子对撞机。2008年时，大型强子对撞机仍处于起步阶段，但它所拥有的巨大能力已经令人瞠目结舌：它能够将粒子加速至其静止能量的140亿倍。截至2011年，欧洲核子研究中心已经实现了超过500万亿次的碰撞，所得数据足以用于分析。不久之后，几个独立的研究小组在希格斯玻色子所在的磁场中发现了一个能量尖峰。这一发现很快得到了科学界的认可，希格斯和恩格勒特也因此共同获得了2013年诺贝尔物理学奖。

3秒钟样本

坐落于瑞士的欧洲核子研究中心是一个国际合作实验室：顶尖科学家聚集于此，通过粒子对撞机检测、探索物质成分，揭示宇宙运转方式。

3分钟分析

欧洲核子研究中心的大型强子对撞机与四台独立的探测器相连，高速粒子就是在这些探测器中进行碰撞的。希格斯玻色子实验使用到了超环面仪器（ATLAS）探测器和紧凑型μ子螺线管（CMS）探测器。两种不同探测器中观察到的相同结果为希格斯玻色子的发现提供了有力佐证。这也再次凸显了数据分析中独立复制的重要性。

相关话题

另见
机器学习 第32页

3秒钟人物

彼得·希格斯
Peter Higgs
1929—
提出希格斯机理的第一人。

弗朗索瓦·恩格勒特
Francois Englert
1932—
与希格斯分别提出了希格斯机理。

本文作者

阿迪蒂亚·兰加纳坦
Aditya Ranganathan

数据科学的影响力可谓无边无际，或可解开宇宙的运行之谜。

天体物理学

30秒探索数据大爆炸

3秒钟样本

数十亿光年外的恒星发射光子，撞击地球，让我们得以通过望远镜窥见古老的银河系——海量数据亟待分析。

3分钟分析

数据分析中存在一个主要的问题，即利用现有结果证实已有想法。因此，当结果与预期相冲突时，研究人员就会千方百计地排错；当两者相吻合时，研究人员则会放松对错误因素的检测。为了使排错过程不受其他因素影响，物理学家发明了盲法分析，即在研究人员不知道最终实验结果的情况下完成所有分析。盲法分析在物理学领域备受青睐，其应用可能会扩展至心理学等其他领域。

天体物理学既是数据科学知识的一大适用领域，也是其一大来源。在大多数宇宙学实验中，扫描大量数据是必备步骤，旨在以统计学的方式做出测量。数据也用于监测小概率事件。这些统计学知识反过来阐明了我们宇宙的过去与未来。超新星（supernova）是某些恒星在演化接近末期时经历的一种剧烈爆炸，这是一种罕见的宇宙现象。索尔·珀尔马特、布赖恩·施密特（Brian Schmidt）与亚当·赖斯（Adam Reiss）通过研究超新星得出了宇宙正在加速膨胀的结论，并因此获得了2011年诺贝尔物理学奖。在研究阶段，他们开展超新星自动搜寻，测量超新星的亮度和红移（redshift，指测量光子波长延伸量的单位），得到了足够的数据以绘制具有统计意义的趋势线。超新星具有相同的亮度，这有助于测量地球与超新星之间的距离以及光从超新星到达地球所需的时间。相比之前观测到的超新星与新观测到的超新星，如果来自后者的光的延伸范围更大，那么宇宙目前的膨胀速度一定也更快，这意味着随着时间的推移，宇宙将继续加速膨胀。

相关话题

另见

欧洲核子研究中心与希格斯玻色子 第62页

3秒钟人物

埃德温·哈勃
Edwin Hubble
1889—1953
美国天文学家，发现了宇宙正在膨胀。

索尔·珀尔马特
Saul Perlmutter
1959—
美国天体物理学家，伯克利数据科学研究所（Berkeley Institute for Data Science）所长，因发现宇宙加速膨胀获得了2011年诺贝尔物理学奖。

本文作者

阿迪蒂亚·兰加纳坦

数据驱动测量和实验凸显了数据科学与宇宙学对彼此的重要性。

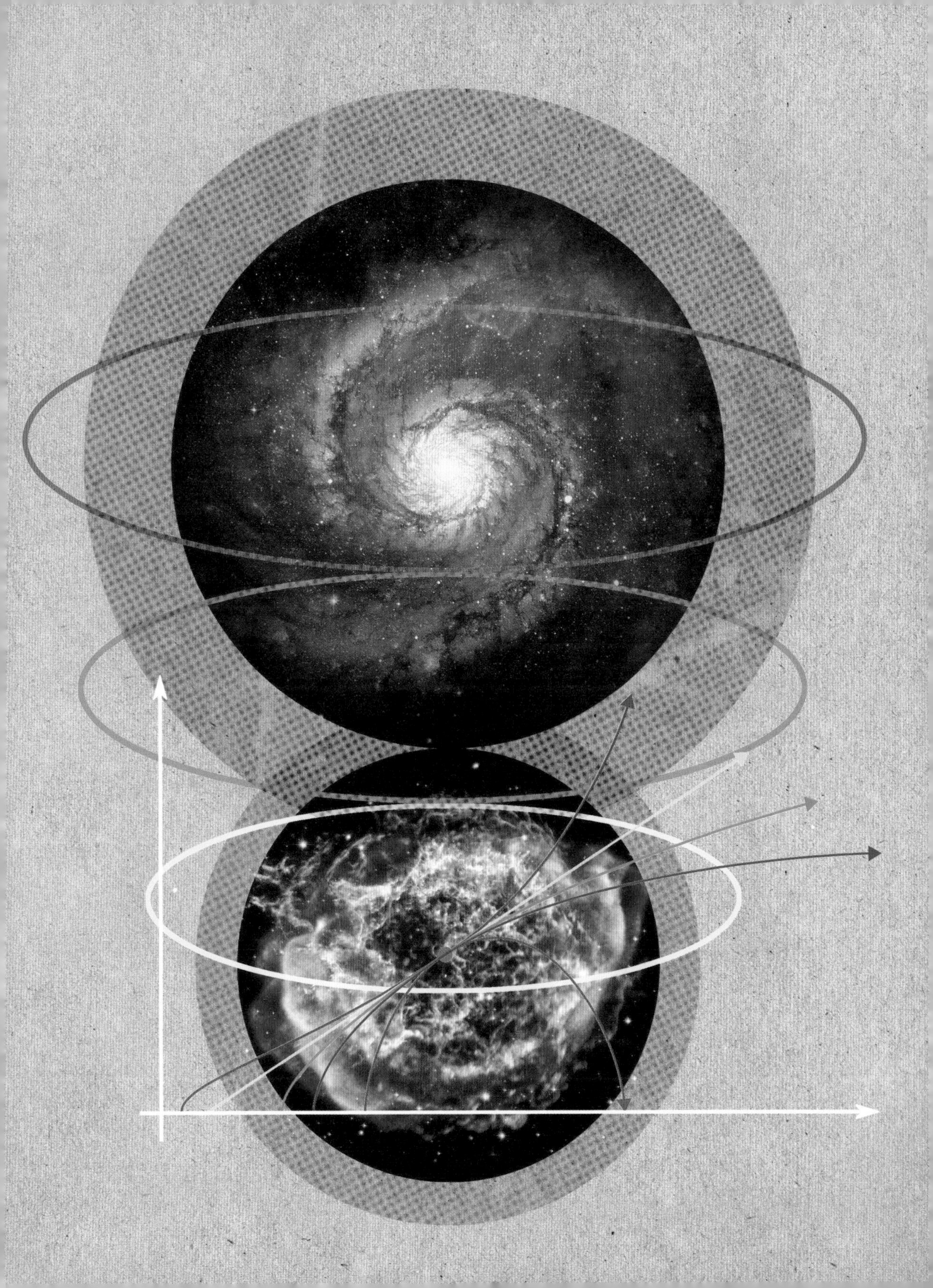

CRISPR基因编辑工具与数据

30秒探索数据大爆炸

科学家正在使用CRISPR基因编辑工具，它给世界各地的实验室带来了翻天覆地的变化。这一精准工具能够帮助科学家切割、改变细胞遗传密码中的DNA，有朝一日或能修正引起亨廷顿病、囊肿纤维化、癌症等重大疾病的基因突变。CRISPR基因编辑工具如同一把分子“剪刀”，切割目标基因的DNA，让科学家能够改变基因组。在这项技术的帮助下，科学家在实验室中培育了能够免疫艾滋病病毒的胚胎，摘除了导致镰刀型细胞贫血病的基因。但这些分子“剪刀”并非十全十美，一旦脱靶，就会造成无法弥补的伤害，危及世世代代。为了提升CRISPR基因编辑工具的精确性，科学家正通过绘制人类基因组图谱，获得可供使用的庞大数据集。研究人员已经使用CRISPR基因编辑工具编辑了数以万计的不同DNA片段，并分析了经过编辑的基因序列。科学家正根据这些数据开发机器学习算法，以预测CRISPR基因编辑工具可以引入细胞的确切突变，进而减小基因编辑过程中的脱靶概率。

3秒钟样本

一想到编辑人类基因组，人们就会联想到科幻小说中的画面，但是由于数据科学能够帮助研究人员纠正自然错误，人类基因组编辑已经逐渐演变为现实。

3分钟分析

人们惴惴不安，不知道CRISPR基因编辑工具会将科学带向何方。此外，人类胚胎基因编辑引发了伦理担忧——特别是对于人类基因组中可能产生的可遗传变异的担忧。如果一些基因组的损伤遭到忽视，就会产生意料之外的健康问题，如早逝或其他遗传病等。CRISPR基因编辑工具的监管问题引发了国际性讨论，这也在情理之中。

相关话题

另见
百万基因组计划 第68页
治愈癌症 第74页
伦理 第152页

3秒钟人物

弗朗西斯科 · J. M. 莫伊察
Francisco J. M. Mojica
1963—
为CRISPR基因编辑工具定性并提出其缩写名称的首批研究者之一。

珍妮弗 · 安妮 · 杜德纳
Jennifer Anne Doudna
1964—
与埃玛纽尔利 · 沙尔庞捷（Emmanuelle Charpentier）一同提出将CRISPR作为基因编辑工具使用。

弗兰克 · 斯蒂芬斯
Frank Stephens
1982—
唐氏综合征患者权益维护者，世界特殊奥林匹克运动会运动员。

本文作者

斯特凡妮 · 麦克莱伦
Stephanie McClellan

大数据集有助于提升CRISPR基因编辑工具的准确性，基于伦理方面的考虑，这一点至关重要。

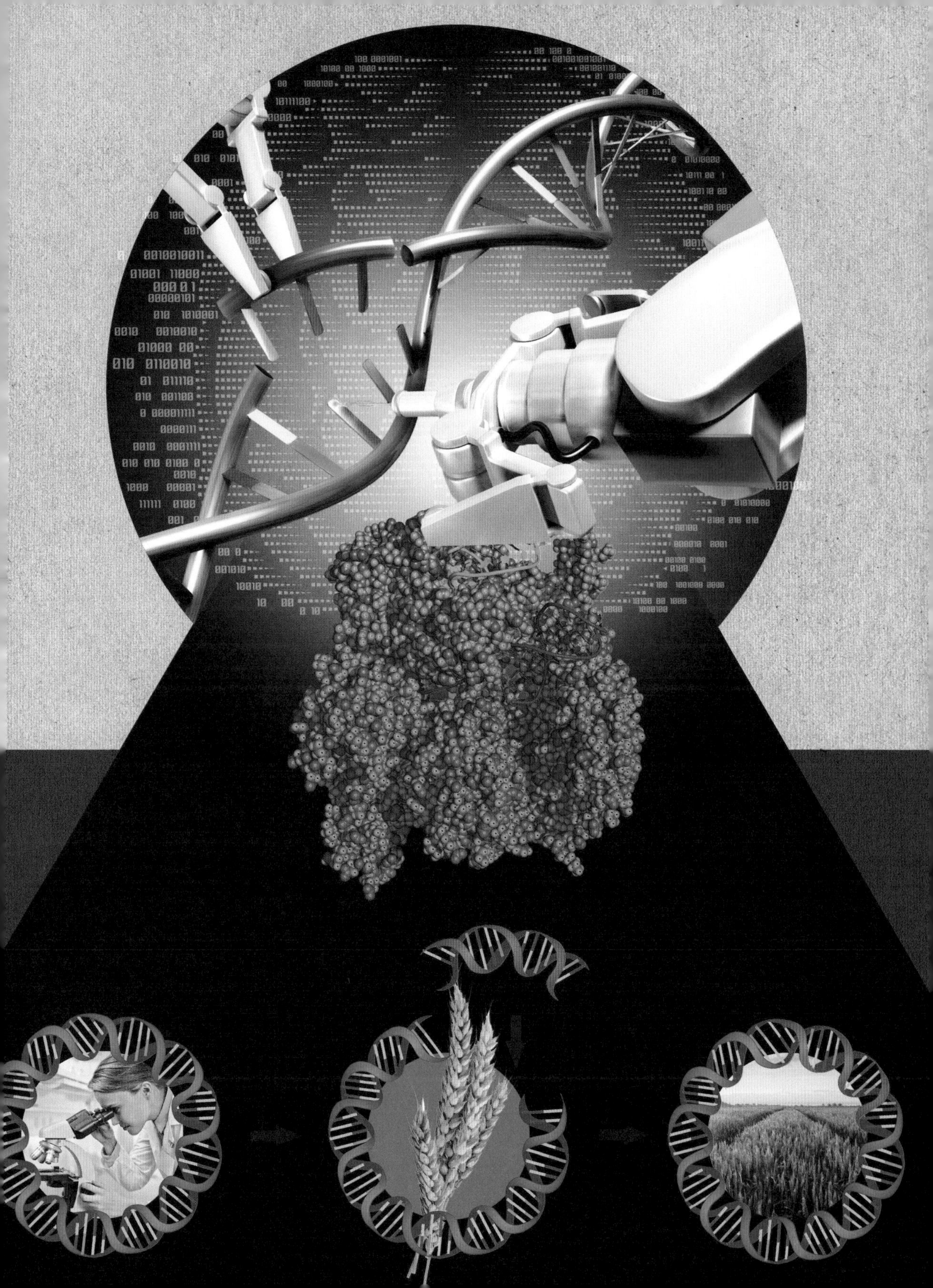

百万基因组计划

30秒探索数据大爆炸

百万基因组计划，也称“我们所有人”（All of Us）计划，由美国国立卫生研究院（National Institutes of Health，NIH）发起，旨在解码100万名美国人的基因组。人类基因组是父母传递给孩子的DNA遗传信息，其中包含2万多个基因。人类基因组计划创建了世界上第一个人类DNA参考数据库，该数据库目前已被应用于医学领域。这一计划是百万基因组计划的基础。每个人的基因组都独一无二。基因决定着我们的外表（眼睛颜色和发色）和行为，也决定着我们是否易患癌症或遗传病。然而，生活方式和环境同样会影响我们的健康。百万基因组计划聚焦于人们在健康、生活方式、环境和DNA等方面的差异。该计划特别收录了各地区居民在生活背景、环境方面的不同之处，以及这些居民的健康与患病情况。这一计划也将收集调查数据、电子健康档案、物理测量数据和生物样本数据，以建立可在世界范围内使用的最大健康数据库之一。百万基因组计划通过研究个人的年龄、民族、饮食和环境对其健康的影响，有助于开发更加精准的工具以诊断、防治疾病——这一概念被称作精准医疗。

3秒钟样本

百万基因组计划旨在解码100万名美国人的基因组，将其应用于“个性化”医疗中。

3分钟分析

百万基因组计划是美国政府精准医疗计划的一部分。精准医疗可以依据个人遗传信息，更好地量身定制治疗方案，这一方法特别适用于与遗传因素有关的疾病，如帕金森病。这种医疗保健方法引领了一个新的医疗时代，在这一新时代，个人的患病概率和治疗成功率能够得到更加准确的预测。随着精准医疗的出现，预防性医疗保健更受重视，其成本效益也变得更高。

相关话题

另见

个性化医疗 138页

3秒钟人物

弗朗西斯·克里克
Francis Crick
1916—2004

詹姆斯·沃森
James Watson
1928—

于1953年共同发现了DNA结构，并于1962年共同获得了诺贝尔生理学或医学奖。

弗朗西斯·柯林斯
Francis Collins
1950—

领导了人类基因组计划(1990—2003)，并发现了许多与不同疾病有关的基因。

本文作者

鲁帕·R. 帕特尔
Rupa R. Patel

技术与数据科学的进步为收集和分析如此庞大的数据集创造了条件。

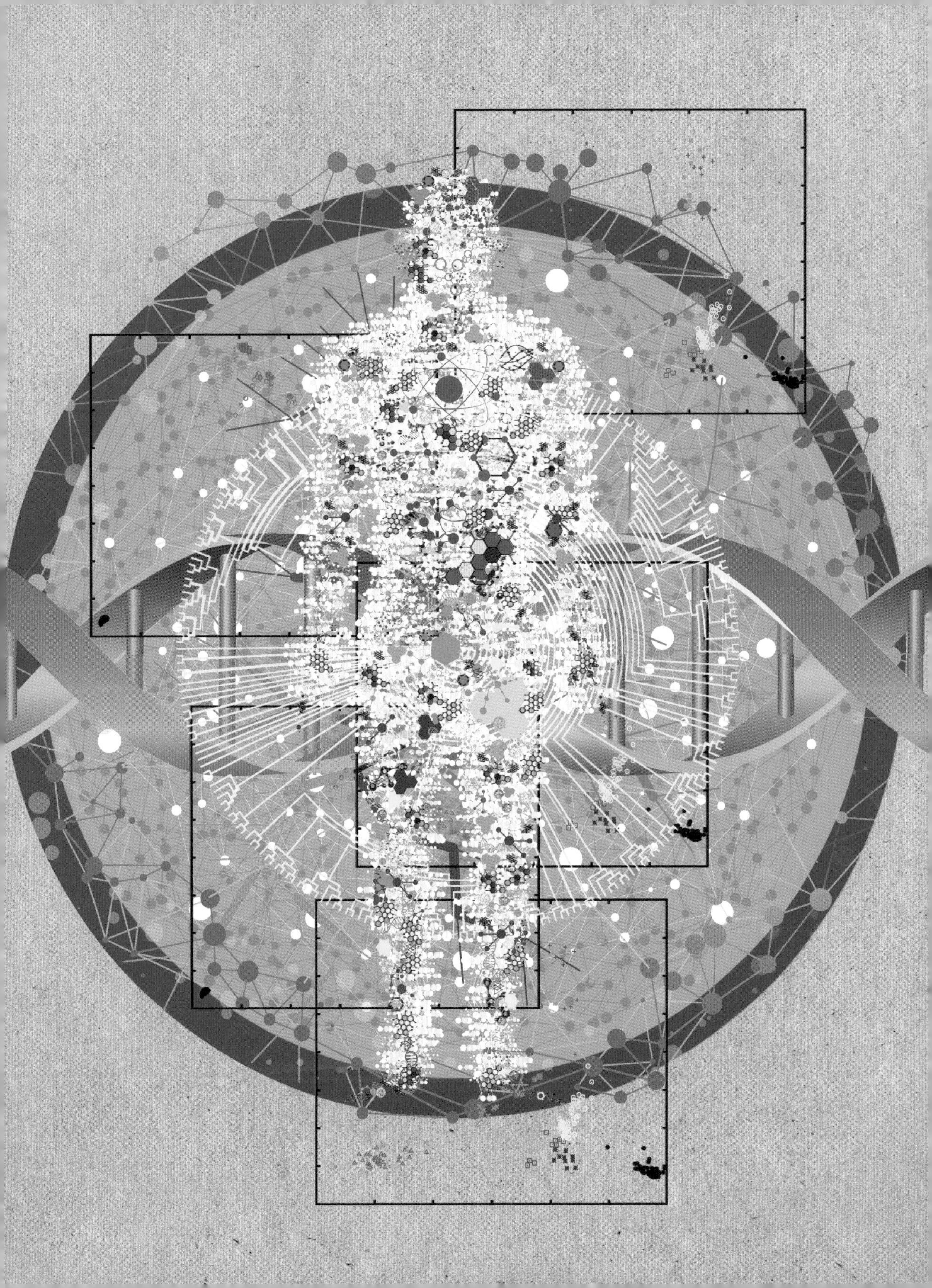

1900 年 1 月 13 日
出生于美国艾奥瓦州代顿市

1918 年
高中毕业

1929 年
获得艾奥瓦州立大学（Iowa State College）理学学士学位

1931 年
获得艾奥瓦州立大学授予的第一个统计学理学硕士学位

1939 年
获聘艾奥瓦州立大学统计学助理教授

1940 年
获聘北卡罗来纳州立大学罗利分校统计学教授

1947 年
创建生物统计学会

1949 年
当选国际统计学会第一名女性会员

1956 年
当选美国统计学会主席

1959 年
获北卡罗来纳州立大学奥利弗 · 马克斯 · 加德纳奖

1975 年
当选美国国家科学院院士

1978 年 10 月 17 日
于美国北卡罗来纳州达勒姆县逝世

格特鲁德·考克斯

GERTRUDE COX

手工艺、心理学与数学，这种兴趣组合在当今时代极其少见。然而，无论是在艾奥瓦州立大学上学期间，还是之前，格特鲁德·考克斯一直都对此乐此不疲。这种兴趣组合是否在一定程度上促成了日后考克斯专攻统计学，我们不得而知，但她的论文选题其实暗示了她受到过影响。考克斯凭借论文《教师能力的统计学研究：以学生在后续课程中的成败为例》获得了艾奥瓦州立大学授予的第一个统计学硕士学位。随后，她又争取到了前往加州大学伯克利分校从事心理统计学研究的机会，但在其硕士生导师乔治·斯内德克（George Snedecor）的要求之下，考克斯提前结束了在伯克利的研究工作。斯内德克此前是考克斯的微积分课程教授，也是她的老板，他请考克斯帮助自己建立统计学实验室，因此考克斯就从伯克利打道回府了。

作为一名教师，考克斯很擅长将实践研究与课程设计巧妙地结合在一起。1939年，她获聘为艾奥瓦州立大学统计学助理教授。1940年，北卡罗来纳州立大学农业学院创建实验统计学系，她获聘为系主任，后又获聘为北卡罗来纳州立大学统计学研究所所长。期间，考克斯屡屡做出创新之举，比如招聘应用统计学家教授统计学基本概念，收集不同领域的实验结果以建立数据库，以及就特定主题举行为期一周的会议等。因此，1949年，她当选为国际统计学会的第一名女性会员。在经费获取方面，作为管理者的考克斯顺风顺水，成功拓展了本系的课程体系。例如，1944年，她获得了普通教育委员会（General Education Board）的拨款，并得以创建统计学研究所。其实，考克斯还有着多重身份。作为一名企业家，她在美国内外从事咨询工作；她同时也是花店合伙人。作为学者和作家，她与人合著了有关实验设计的图书；她还创立了生物统计学会，担任该会首任编辑，后又任该会主席。

考克斯因其在心理统计学和实验设计领域的贡献而闻名遐迩。考克斯的朋友兼同事理查德·安德森（Richard Anderson）在其传记体回忆录中谈道："作为一名教师和顾问，格特鲁德特别强调，随机化、复制和实验控制是实验设计必不可少的程序——这些方法与她的蜡染作品一般鲜活。"

阿迪蒂亚·兰加纳坦

气候变化

30秒探索数据大爆炸

要对气候趋势进行预测，我们首先要收集和处理大量数据（如历年全球平均气温）。刻画全球平均气温变化情况的函数是多变量函数。大气中的温室气体以高于平均水平的速度增加，捕获高于平均水平的热量，这会阻碍热量的及时发散。海平面上升、沥青铺设面积增加、冰量减少等因素也会降低散热速度。在理想状态下，如果吸热速度等于散热速度，那么全球平均气温将保持不变，而散热延迟破坏了这种平衡。尽管不平衡的状态只是暂时存在，但在这段时间内，热量会持续存留。此外，平衡恢复之后，温度并非回到之前的水平，而是进入新常态。我们可能会进入不同的新常态：有些会令人轻微不适，有些则可致命。为了知道我们可能会进入哪种新常态，我们必须收集足量的数据来避免会误导预测的小幅波动。研究人员正在收集全球气温、海冰厚度等数据，这些数据共同体现了温室气体水平的危险极限。

3秒钟样本

收集并分析有关全球气温和温室气体浓度的大量数据，有助于对地球的未来做出精确预测。

3分钟分析

工农业发展等人为因素与全球温室气体浓度增加和全球气温上升（即全球变暖或气候变化）有关。我们收集到的有关人为因素的数据越多，人为因素推动地球气温变化这一论点的可信度就越高。

相关话题

另见
相关性 第42页

3秒钟人物

詹姆斯·汉森
James Hansen
1941—
美国国家航空航天局科学家、气候变化支持者。

理查德·A. 马勒
Richard A. Muller
1944—
由气候变化怀疑论者转变为气候变化支持者。

阿尔·戈尔
Al Gore
1948—
推出了以气候变化影响为主题的纪录片《难以忽视的真相》，该纪录片当时引起了很大争议。

本文作者

阿迪蒂亚·兰加纳坦

截至目前，已有大量的科学家通过已收集的数据得出结论，气候变化的罪魁祸首是人为因素。

治愈癌症

30秒探索数据大爆炸

基础科学发现有助于解释癌症机制，催生了靶向治疗和对患者预后的研究，让我们更加了解成功的疗法，使我们离治愈癌症又近了一步。数据科学让我们能够检验介入治疗的价值。具体来说，统计思维在随机试验中发挥了基础作用。1954年，美国国家癌症研究所（National Cancer Institute）首次采用随机试验测试治疗急性白血病的方法。早在40年前，癌症研究就已经开始依赖现今数据科学中的内容了，如研究设计、数据分析和数据库管理等。如今，分子生物学技术为每位患者都提供了成千上万种检测手段，能够检测癌细胞中的突变、染色体结构变化、基因表达异常、表观遗传变异和免疫应答等。这一技术的主要目的是利用这些信息提高诊断水平，定制治疗方法。分子生物学技术带来了庞大而复杂的数据集，丰富的统计知识和高超的计算技巧有助于高效处理这些数据集，并避免偶然事件的干扰。

3秒钟样本

数据科学的进步对于治愈癌症至关重要，并且有助于我们了解癌症介入治疗是否有效以及为何有效。

3分钟分析

治愈癌症需要面对许多挑战，数据可助人类一臂之力。例如，一种新药的临床试验需要耗费10年至15年之久，成本超过10亿英镑。数据科学既能保证临床试验的安全，也能节省试验花费的成本与时间，虽然这通常不是数据与治愈癌症的结合形式，但已成为该领域的重点。

相关话题

另见
健康 第92页

3秒钟人物

马文·泽伦
Marvin Zelen
1927—2014

今丹娜法伯癌症研究院（Dana-Farber Cancer Institute）数据科学部创始人，现代癌症临床试验中的许多统计方法和数据管理方法都是由他率先提出的。

本文作者

拉斐尔·伊里萨里
Rafael Irizarry

数据科学对癌症研究至关重要，并将在未来的发展中发挥关键作用。

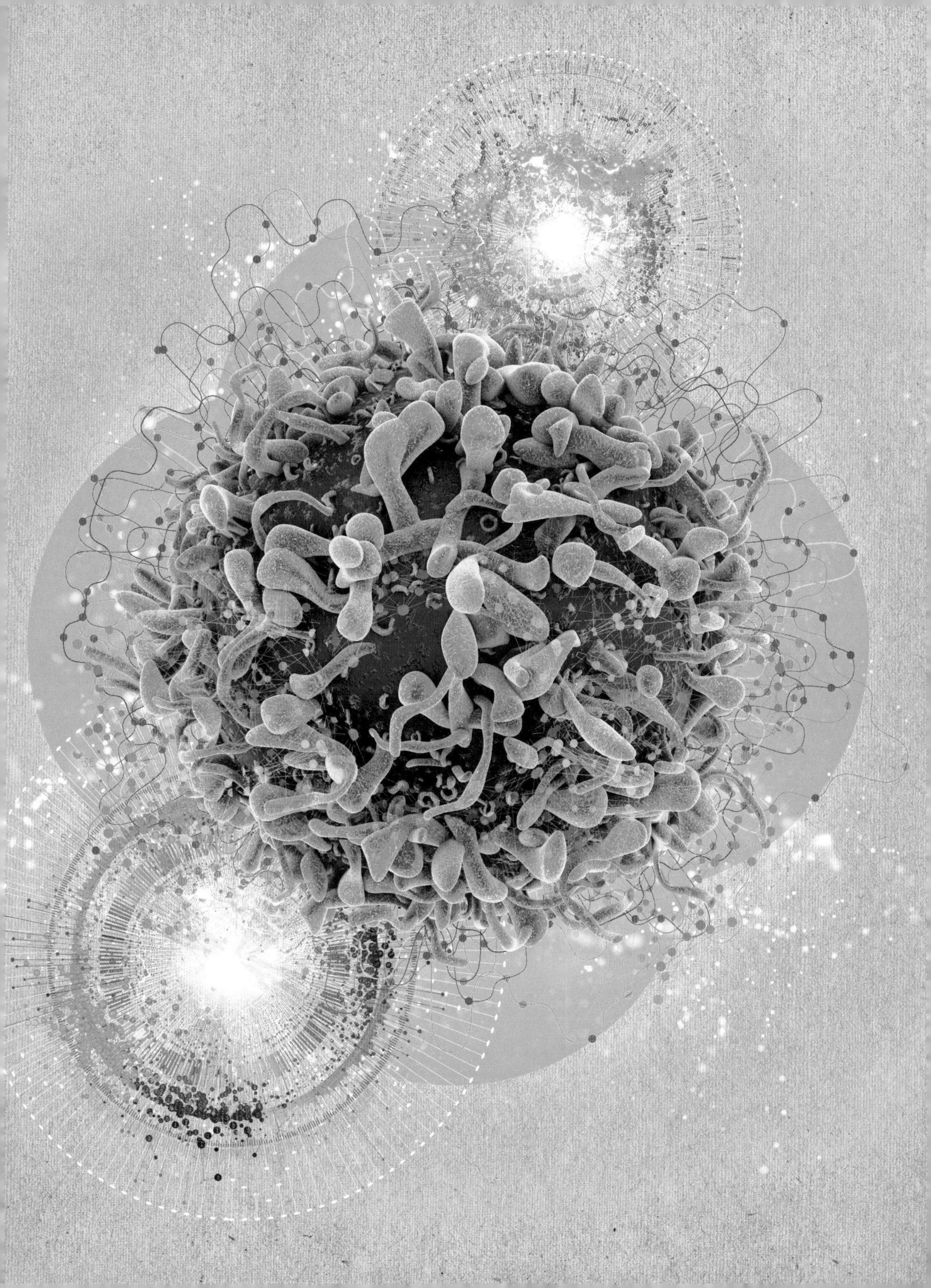

流行病学

30秒探索数据大爆炸

流行病学是收集数据，研究疾病的人群分布、模式和成因等的科学。这门科学融合了多个学科（如统计学、社会科学、生物学和工程学）来进行相关运算，以防控传染病和非传染病在人群中的传播。流行病学影响公共卫生，并为当前的预防性手段（如疫苗接种）、非预防性手段（如糖尿病筛查）以及今后会采用的一些方法（如基于微生物组的诊断方式）提供依据。流行病学证据推动政府制定健康政策和指导方针（如儿童疫苗接种），以保护公民健康。该领域因遏制流行病和传染病暴发而闻名。1854年，约翰·斯诺博士首次定义了流行病学的概念，当时，他查明了伦敦的霍乱病例起源于一处被污染的水源。此外，2013年，西非出现了由埃博拉病毒引起的死亡病例，随着疾病不断蔓延，人们开始调查埃博拉病毒如何以及为何传播得如此迅速。这项调查为该地区的卫生防疫计划提供了信息支撑，控制了病毒的传播。

3秒钟样本

非洲暴发了埃博拉疫情，接下来还会发生什么呢?流行病学旨在收集数据，研究发病人群、类型、地点、时间和原因等。

3分钟分析

流行病学研究旨在通过研究危险因素（如年龄、吸烟等）与疾病（如癌症、糖尿病等）之间的因果关系来改善公共卫生状况。研究方法是将观察或实验与统计学相结合，以确认偏差或错误的因果关系。20世纪50年代，大量的流行病学研究提供了确凿的证据，证明了吸烟会增加肺癌和心脏病的死亡风险，这是健康预防领域的里程碑。

相关话题

另见
统计学与建模 第30页
相关性 第42页
健康 第92页

3秒钟人物

希波克拉底
Hippocrates
约公元前460—公元前377
第一个使用“流行病”（epidemic）一词并观察疾病传播的人。

约翰·斯诺
John Snow
1813—1858
成功查明1854年伦敦霍乱源头，接着改善了全球的城市供水系统、污水系统和公共卫生状况；被誉为“流行病学之父”。

本文作者

鲁帕·R. 帕特尔

流行病学使得运算对我们个人和集体的健康都至关重要。

社会

术语

汇总统计数据 对数据点集或组进行运算所得的统计数据，例如每种商品的周销量。

匿名化 一种从数据集中删除可用于识别或定位个人的姓名、地址等所有信息的技术手段。由于包括定位在内的很多变量都能用于识别个人，真正的匿名化很难实现。

人工智能 常与“机器学习”一词互换使用；指对计算机进行编程的过程，旨在发现大数据集中的模式或异常，或确定某些输入量和输出量之间的数学关系。人工智能算法已被广泛应用于医疗保健、无人驾驶汽车和图像识别等领域。

（机场安检用）生物识别技术 在机场安检中使用面部特征、指纹等生物识别信息进行个人身份鉴定的技术。

脱欧 英国从欧洲联盟（European Union，EU，简称欧盟）脱离。

人口普查 对人口成员的定期系统性调查，通常由政府执行。人口普查需收集家庭规模、收入等数据，这些数据可能会被用于住房、医疗保健和社会服务领域的规划中。

连续型健康数据 定期、短间隔采集的心率、血压等个人健康数据。活动监视器等可穿戴技术的进步使得持续健康监测成为可能。

差别隐私 在共享一组人的概括性统计数据的同时将其中的个人信息匿名化的方法。

地理空间数据 包括经纬度、国家代码等地理相关数据。

围棋 双人对弈的策略游戏，围地最多者获胜。谷歌旗下的深度思维公司已开发出几种旨在与人类进行围棋对弈的人工智能算法。

《危险边缘》 美国电视游戏节目。参赛者需根据答案提出正确的问题。

机器学习 能够明确输入量与输出量之间的数学关系。这种经“学习”而得的关系可以根据输入量预测、分类输出量。例如，一个机器学习模型可以根据患者体重预测其患糖尿病的风险。这种模型是通过在包含数千个历史数据点的训练集中拟合函数而建立的，其中每个点都代表一个患者的体重及患病情况（是否患有糖尿病）。当新的患者体重数据通过模型运行时，这一经“学习”而得的函数就能够预测这些患者是否会患糖尿病。现代计算机硬件使机器学习算法变得更为强大。

精准投放 用于政治竞选或广告宣传的一种策略，即根据挖掘或收集到的个人观点、偏好或行为等信息，给不同的选民子集或客户子集投放不同的信息。

（选民）资料 年龄、地址和党派关系等选民个人信息。

随机试验 将试验对象随机分配至试验组中的试验设计。例如，在随机药物试验中，试验对象会被随机分配至对照组（接受安慰剂治疗的小组）或试验组（接受试验药物治疗的小组）。

敏感信息/数据 包括个人的详细信息，如种族、宗教、政治信仰、性取向、加入的工会或健康等相关数据。

嗅探器 一种软件，能够截取并分析通过网络发至或来自电话、计算机等电子设备的数据。

“黄背心”运动 源于法国的抗议运动，焦点在于燃料价格上升、生活成本上涨等问题。

监控

30秒探索数据大爆炸

数据监控无处不在，而且日益复杂，包罗万象。例如，无论是在机场进行生物识别安检，上杂货店买东西，还是使用智能手机上网，我们一直处于监控之中，我们的行为和选择都被记录在电子表格中。在地理空间监视数据的帮助下，营销人员能够根据你所在的实时位置向你发送定制广告。此外，它还可以利用你此前的定位准确地预测要向你投放何种广告。有时，这一过程可能并未得到你的授权，你也可能对这一过程毫不知情。尽管数据监控本身十分单调无趣，但通过分析数据而采取的行动则是一把双刃剑。私有实体和国有实体正利用数据监控摸索门径，试图督促或鼓励个人做“正确”的事，在我们做“错”事的时候还会对我们实施惩罚。健康保险公司能够根据健身追踪器记录的每日步数调整保险费率，汽车保险公司也可以根据智能汽车的数据来调整费率。数据监控不仅关乎行为的现状与分析，而且关乎对未来行为的预测：谁会是罪犯？谁会是恐怖分子？或者你最有可能在什么时候网购那双你心仪已久的鞋子？

3秒钟样本

由于我们已有能力存储和处理大量监控数据，模拟画像和背景调查可能会成为过去式。

3分钟分析

尽管数据监控可能会给人一种负面的感觉，但它所带来的进步也令人叹为观止：预防恐怖主义；通过追踪网上图像，将儿童淫秽犯罪团伙一网打尽；甚至帮助解决全球难民危机等。分层识别验证及利用计划（美国为联合国难民署提供的一项数据计划）利用高分辨率卫星影像开发了一种机器学习算法，以更好地检测难民营中的帐篷，从而更好地规划营地、开展外勤工作。

相关话题

另见

安全 第84页
营销 第108页

3秒钟人物

蒂姆·伯纳斯-李
Tim Berners-Lee
1955—
万维网创始人，创造了互联网这个“世界上最大的监控网络”。

本文作者

利伯蒂·维特尔特

若是出于预防犯罪等正当理由，某些类型的监控就合情合理。

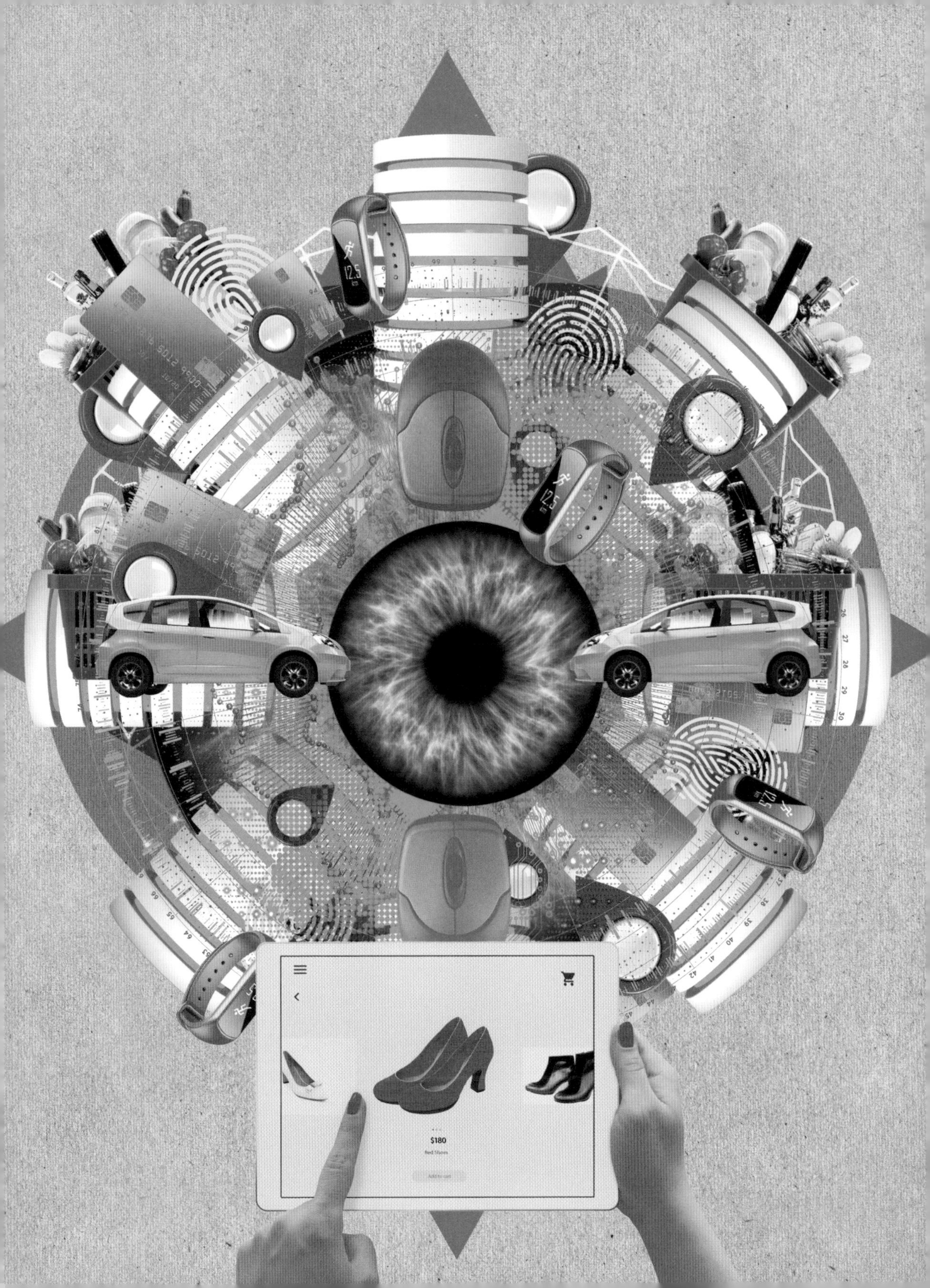
$180

安全

30秒探索数据大爆炸

数据为情报处理、传播与分析带来了新机遇，同时提高了国际和基层安全组织与情报组织的调查能力。情报组织通过网上活动、监控、社交媒体等渠道收集数据，旨在发现个人行动和集体行动中共同的或缺乏的模式，包括异常（不符合常见模式的行为）、关联（肉眼无法察觉的关系）、关系（如社交网络关系）等。“嗅探器”系统——设计的目的在于监控目标用户的网络传输——已从简单的监控系统转变为安全系统，旨在出于安全目的合法拦截信息。暴力如同病毒一般，也能在社区间传播，而数据能够将其传播方式可视化。数据也能够预测谁最有可能成为暴力受害者，甚至能够推测出谁是罪犯。警方可以利用数据对这些人进行预测和定位。例如，美国芝加哥警方通过算法生成了一份由1400多人组成的“热名单”，该算法对最有可能成为暴力受害者的人和最具暴力倾向的人进行了排序。

3秒钟样本

充满着数据驱动安全机遇的世界未经开发与检验，大数据和英国的监督机构“老大哥观察”（Big Brother Watch）于此相遇。大数据充满着无穷无尽的可能性，比如维护社区治安、预防恐怖主义等，但有些可能性还未经验证。

3分钟分析

在上述芝加哥警方的例子中，分数越高意味着成为暴力受害者或施暴者的可能性越大。2016年，美国有51人在母亲节的那个周末被枪杀，其中80%的人都在“热名单”上。这种方法的支持者认为，这能够帮助警方采取干预行动，拯救危在旦夕的人，从而优先打击青少年暴力。但反对者担心，如果评分标准不明确，那使用的数据可能会带有种族偏见且不合伦理。

相关话题

另见
监控 第82页
伦理 第152页

3秒钟人物

帕特里克·W. 凯利
Patrick W. Kelley
1994年成名
美国联邦调查局诚信与合规（Integrity and Compliance）办公室主任，将电子邮件监视工具“食肉猛兽”（Carnivore）投入使用。

本文作者

利伯蒂·维特尔特

电子邮件监视工具“食肉猛兽”是美国联邦调查局最早使用的从安全角度监控电子邮件和信息的系统之一。

隐私

30秒探索数据大爆炸

“如果你没有花钱购买产品，那你就是任人交易的产品。”这句格言在大数据时代依然适用。某些企业对我们了如指掌，掌握着有关我们的喜好、健康状况、财务状况以及行踪的详细信息，并能利用这些信息为我们提供定制广告。在2016年美国总统大选期间，脸书投放了具有针对性的政治竞选广告，并被指控泄露了用户数据。这一事件引发了诸多争议，并一度将数据隐私推到了公众辩论的风口浪尖。例如，根据相关隐私安全条例，医疗服务提供方应安全地保管医疗记录，但与医疗服务提供方不同，健康类应用程序不受相同隐私安全条例的约束。发表于《英国医学杂志》的一项研究发现，近4/5的健康类应用程序经常与第三方共享个人数据。不同的应用程序能够记录经期、身体健康状况或心理健康状况等。对于有关个人健康状况的敏感信息被出售一事，这些应用程序的用户可能毫不知情。从大型数据集中删除能说明个人身份的变量（如全名或地址）可以保护隐私，但真正的数据匿名化可以实现吗？2018年，《纽约时报》审查了一个经过匿名化处理的大型手机定位数据集。记者能够从数据中识别出两个人并联系到他们，这表明真正的匿名化很难实现。

3秒钟样本

每天，我们都会生成数千个描述自身生活方式和行为的数据点。哪些人应该拥有这些信息的获取权？这些人又应如何负责任地使用它们呢？

3分钟分析

各国政府已采取措施保护隐私。英国信息专员办公室（Information Commissioner's Office）因脸书未能保护用户数据而对其处以50万英镑的罚款。在欧盟，各组织在收集个人数据时必须征得同意，且一经要求，必须删除。美国人口普查局在2020年的人口普查中应用了“差别隐私”，该方法能够防止个人身份在汇总统计数据中被识别。

相关话题

另见

监控 第82页
监管 第150页

3秒钟人物

米切尔·贝克
Mitchell Baker
1959—

美国谋智基金会（Mozilla Foundation）创始人。该基金会成立于2003年，致力于在保护个人隐私的同时保证互联网的开放性和可访问性。

本文作者

玛丽亚姆·艾哈迈德

非政府组织宣传并支持有关强化互联网与数据隐私的项目。

1820 年 5 月 12 日
出生于意大利，她的名字取自她所出生的城市

1837 年
第一次有了为他人服务的愿望

1844 年
表示想要从事护理行业，招致家人反对

1851 年
在德国杜塞尔多夫（Düsseldorf）接受医学培训

1853 年
担任伦敦贵族妇女患者看护所（Institute for the Care of Sick Gentlewomen）所长

1854 年
与 38 名女护士一起前往位于今土耳其的塞利米耶军营，主持公共卫生状况改革

1857 年
患上间歇性抑郁症，健康状况欠佳，这种状况一直持续到她去世

1858 年
发布以数据为基础的报告《英国军队的死亡率》

1859 年
当选英国皇家统计学会会员

1910 年 8 月 13 日
于伦敦在睡梦中与世长辞

弗洛伦斯·南丁格尔

FLORENCE NIGHTINGALE

弗洛伦斯·南丁格尔是现代护理方法、医学统计学和数据可视化先驱。1820年，南丁格尔出生于一个富裕的英国家庭，长大后她没有简单地选择结婚成家、养儿育女，而是一反当时的文化传统，选择遵循本心，成为一名护士。

在德国接受培训后，33岁的南丁格尔升任伦敦一家看护所的所长。然而，直到克里米亚战争（Crimean War）期间，她才在护理和数据科学方面崭露头角。1854年，南丁格尔应邀前往土耳其塞利米耶军营医院，负责女护士的招募。由于南丁格尔一直强调并监督养成洗手之类的基本卫生习惯，伤兵死亡率有所下降。在军营医院，南丁格尔每晚都要查房，因此被亲切地称作“提灯女神”。

在整个职业生涯中，南丁格尔都在护理实践中采用了数据驱动的方法。她广泛应用数据可视化和统计学来强调公共卫生问题。

在克里米亚时，南丁格尔收集了有关死亡率和死亡原因的数据。1858年，她发表了题为《英国军队的死亡率》的报告，该报告显示了军人死亡率与平民死亡率之间的差异。南丁格尔最早采用了鸡冠花图（coxcomb），这是一种用长度而非角度来表示数据大小的饼图。南丁格尔用鸡冠花图说明了死于“可预防的或可缓解的”疾病的士兵多于死于致命伤的士兵，这是她最著名的数据可视化成果之一。

南丁格尔也很关心英国士兵在印度的生活情况，并推动成立了一个皇家委员会进行调查。1873年，她表示，经过10年的卫生改革，驻印英国士兵的死亡率已从69‰下降到18‰。

在英国，南丁格尔游说政府部长实施改革：对私人住所实行强制卫生措施，改善排水系统，进行更加严格的立法。

南丁格尔对医学统计学的贡献得到了广泛认可。1859年，她当选为英国皇家统计学会的第一位女性会员，后来成为美国统计学会荣誉会员。1910年，南丁格尔于睡梦中溘然长逝，享年90岁。

玛丽亚姆·艾哈迈德

投票科学

30秒探索数据大爆炸

早在公元前6世纪，在雅典，政治决策就由投票决定，投票科学的使用也是从那时延续至今的。20世纪50年代，现代投票科学在美国迅猛发展。当时，竞选活动、政党和特殊利益集团开始保存大量的合格选民数据库，这些数据库后来被用于建立个人选民档案。政治竞选方面的专业人士借助机器学习和统计分析，对这些档案进行运算，制定赢得选举或影响舆论的策略。当前的最佳做法包括维护数据库，其中包括个人的数百项特征，比如个人信用评分，是否提前投票或亲自投票，甚至包括在收到电话、短信或电子邮件提醒的前提下是否更有可能投票等。在这些数据的帮助下，竞选团队和各政党可预测选民行为，比如选民是否会投票、何时投票、如何投票等。最新的进展则是：对于如何说服选民改变观点，美国近期的竞选活动采用了随机实地试验，以评估动员和游说工作的有效性。如今，投票科学不仅决定了竞选活动宣传资金的使用方式，也决定了应向每个特定选民展示哪些特定信息。

3秒钟样本

投票科学是指利用如今的选民登记表、消费者数据、社交媒体数据以及民调来影响舆论、赢得选举的方法。

3分钟分析

乔治·布什（George Bush）2004年的连任竞选是首次使用政治精准投放的竞选活动。政治精准投放利用机器学习算法，以选民投票与否和投票方式为依据，对每个选民进行分类。贝拉克·奥巴马（Barack Obama）2008年和2012年的竞选活动采用了随机实地试验，进一步推动了投票科学的发展。投票科学在美国的竞选活动中取得了成功，此后，英国、法国和印度纷纷效仿，也开始在其竞选活动中使用政治精准投放和随机实地试验等投票科学方法。

相关话题

另见
从数据中学习 第20页
伦理 第152页

3秒钟人物

唐纳德·P. 格林
Donald P. Green
1961—
投票科学随机试验先驱。

萨沙·伊森伯格
Sasha Issenberg
2002年成名
记录了过去20年中数据科学在竞选活动中的运用和发展历程。

丹·瓦格纳
Dan Wagner
2005年成名
2012年奥巴马竞选团队——“奥巴马为美国”（Obama for America）分析总监，率先将投票科学从竞选领域扩展至信息测试和捐赠者模型中。

本文作者

斯科特·特兰特
Scott Tranter

当代的竞选活动由投票科学驱动，这占据了竞选预算的一大部分。

健康

30秒探索数据大爆炸

数据科学催生了分析健康信息，改善相关服务和成果的工具。据估计，世界上30%的以电子形式存储的数据都来自医疗领域。一名患者每年会产生约80兆字节的数据（相当于260本书的数据量）。这些健康数据的来源各式各样，包括基因测试、调查、可穿戴设备、社交媒体、临床试验、医学影像、临床与药学信息、医保报销管理数据库和国家登记记录等。收集、整理、分析患者数据的电子病历平台是一个公共的数据源。电子病历促进了医生和医疗网络在护理方面的沟通与协调，从而提高了效率，降低了成本。电子病历数据是临床医生的决策工具，能够为患者的检测结果和预防措施提供循证建议。医疗数据科学结合了预测分析、机器学习和信息技术等多个领域，将非结构化信息转化为可改变临床和公共卫生实践的知识。数据科学能够预测患者患病风险、定制患者治疗方案、开展疾病治疗研究，进而拯救生命。

3秒钟样本

数据科学将非结构化的健康信息转化为改变医疗实践的知识。

3分钟分析

消费级可穿戴设备与智能手机技术相结合，以一种创新的方式收集连续型健康数据，从而改善患者预后。例如，心脏监测器可用于诊断、预测异常心律和可能危及生命的心律。这些数据可以根据不同的时间参数（如数天到数周或数月到数年）得到评估，以得出早期预警健康评分。同样，带有运动传感器的助听器可以检测摔倒的原因（如滑倒或心脏病发作），以便医生进行有效治疗。

相关话题

另见

流行病学 第76页
个性化医疗 第138页
心理健康 第140页

3秒钟人物

弗洛伦斯·南丁格尔
Florence Nightingale
1820—1910
倡导使用医疗统计数据的第一人。

比尔·盖茨
Bill Gates
1955—

梅琳达·盖茨
Melinda Gates
1964—
于2000年共同成立比尔及梅琳达·盖茨基金会，该基金会利用数据解决了一些举世公认困难的健康数据科学问题。

詹姆斯·帕克
James Park
埃里克·弗里德曼
Eric Friedman
2007年成名
可穿戴设备科技公司Fitbit的创始人，将传感器和无线技术应用于健康和健身领域。

本文作者

鲁帕·R. 帕特尔

利用数据推进个性化医疗有助于拯救生命。

IBM沃森与谷歌阿尔法围棋

30秒探索数据大爆炸

3秒钟样本

参加《危险边缘》的IBM沃森和谷歌的阿尔法围棋以简洁易懂的方式让世界了解了机器学习和人工智能。

3分钟分析

计算机企业之所以设定了参加《危险边缘》和围棋比赛的目标，是因为要想在其中出类拔萃，它们就必须开发出通用能力，而这些通用能力可用于解决其他重要商业问题。如果未来的计算机能用自己的语言回答各种问题，或是通过训练解决诸如机器人导航之类的复杂问题，那么它们将能为人类执行更复杂的任务。

2011年，IBM的超级计算机沃森在美国电视游戏节目《危险边缘》中击败了人类冠军，这表明基于计算机的自然语言处理和机器学习已得到一定发展，足以处理众多观众难以理解的复杂的文字游戏、双关语和歧义。谷歌旗下的深度思维公司也有类似的研发——该公司的阿尔法围棋（AlphaGo）利用机器学习和人工智能在围棋比赛中战胜了世界冠军。围棋是一款极其复杂的策略型棋盘游戏，使用黑白棋子对弈。此前从未有计算机取得过这样的胜利。设定让计算机在知名游戏中战胜人类等雄心勃勃的目标有以下几个目的：首先，这为数据科学家提供了明确的目标和基准，比如“在《危险边缘》中获胜”。在IBM的例子中，他们甚至提前宣布了目标，这给开发团队施加了压力，要求他们追求创新，打破常规，毕竟谁会愿意被公开羞辱呢？其次，这些对抗性比赛能够让公众知晓硬件和软件的发展状况。围棋比象棋更具挑战性，因此，如果计算机能够战胜围棋世界冠军，人类一定可以更上一层楼。

相关话题

另见
机器学习 第32页
神经网络与深度学习 第34页
游戏 第130页

3秒钟人物

托马斯·沃森
Thomas Watson
1874—1956
曾任IBM董事长兼首席执行官，参加《危险边缘》的沃森计算机就是以他的名字命名的。

本文作者

史兆威
Willy Shih

计算机能够在越来越复杂的游戏中战胜人类，这是数据科学取得长足进展的一个显著标志。

商业 ◑

术语

自动化系统 由计算机执行重复性任务或计算的系统，如机场的自助通关系统、无人驾驶汽车系统和语音识别软件系统等。

自动化机器 能够在无人类干预的情况下完成任务的机器，如无人驾驶汽车。

大数据 达到以下部分或全部标准的数据集：海量、高速、真实、多样；必须包含大量以高速或固定速度生成的单个数据点。大数据可能包括文本、数值数据、图像等多种数据类型，在理想情况下，它具有准确性或真实性。

数据分析 获取、清洗、分析数据，旨在获得有效信息、解答研究问题或为决策提供信息支撑。规范性数据分析用以描述可用数据并从中得出结论；预测分析旨在概括数据以预测未来。

客流量分析 常用于零售业，旨在分析进入商店的顾客数量及顾客在逛商店时的动作和行为。

地理定位数据 描述一个人或物体在一段时间内的位置的数据。

围棋 双人对弈的策略游戏，围地最多者获胜。谷歌旗下的深度思维公司已开发出几种旨在与人类进行围棋对弈的人工智能算法。

物联网 涉及连接互联网的设备或“智能”设备，包括活动监视器、家庭助手和电视等。它们能够实时收集、分析数据，其功能较离线设备更加先进。例如，智能家庭助手能够连接并控制智能灯、中央供暖系统、安全系统等家居设备。

自然语言处理算法 用于分析书面语或口语（包括政治演讲、智能手机接收的声音指令和电子商务网站上客户的书面反馈等）的工具。常见的自然语言处理技术包括情感分析（sentiment analysis，可根据文本基调将其标记为肯定或否定）和主题建模（topic modelling，确定一段文字的整体主题或话题）。

概率论 用数学术语表示概率的数学分支。该理论依赖于一组基本假设或公理，包括“事件的概率是非负实数”。

原型 一个软件或硬件的工作草案版本，有时称为最小可行产品（minimum viable product，MVP）。

计量金融 使用概率和数学方法对金融问题进行建模。

量子力学 研究原子和亚原子粒子运动的物理学分支。

强化学习 机器学习的一个分支，指算法学习后采取行动，实现特定回报最大化。

制表机 用于以穿孔卡片的形式存储信息的机器，发明于19世纪。19世纪90年代，该机器首次投入使用，被用于存储美国第一次人口普查期间收集的数据。

用户本地终端数据 存储于个人网络浏览器中并在各个网站上被共享或跟踪的信息，作用是跟踪用户上网轨迹。它们能让第三方广告商根据用户浏览历史投放定制广告。

工业4.0

30秒探索数据大爆炸

工业4.0简单说来，其实就是“智能工厂”，相互连通的系统或机器在这个“智能工厂”中实时通信，互相合作，完成之前由人类所做的工作。工业4.0依赖于物联网，即将互联网连接扩展至设备和日常用品中。尽管工业4.0可能会给某些领域带来消极的影响，但我们的日常生活中仍有大量令人称奇的相关应用。在仓库中挑拣和包装物品以供交付的机器人，建筑工地上的自动起重机和卡车，利用从这些机器中收集的信息以发现业务系统中的异常情况并优化系统——物联网的可能性无穷无尽，有些目前仍未被发掘。商业并非这场工业革命的唯一受益者。例如，语音控制、摔倒警报、疾病突发警报等系统完善了居家护理模式，使老年人和残疾人受益良多。然而，工业4.0的全面实施面临着重重阻碍，集成便是最大阻碍之一。互联互通并无行业标准，不同行业、企业之间的系统十分分散。这些系统收集的个人数据和其他数据需要保护，因此隐私问题得到了极大的关注，所有权归属也是如此。

3秒钟样本

“人类行将灭绝或失业”，这是制造业的第四次工业革命给人类带来的恐慌。据信，届时机器将可利用数据自行决策。

3分钟分析

数以百万计的人从事制造业相关工作，数据革命和工业4.0带来的失业恐慌确实已经浮出水面。这种情况或许不容乐观，但许多人正以此为契机宣扬“全民基本收入”的理念：只要公民持有合法居住权，就有权定期获得货币补偿；补偿款应足以涵盖公民的基本生活费用，以鼓励个人随心所欲地生活。

相关话题

另见
人工智能 第148页

3秒钟人物

休·埃弗里特
Hugh Everett
1930—1982
首提量子力学和运筹学的多世界诠释（many-worlds interpretation）。

本文作者

利伯蒂·维特尔特

跨行业的互联互通和标准化是推广智能工厂的主要阻碍。

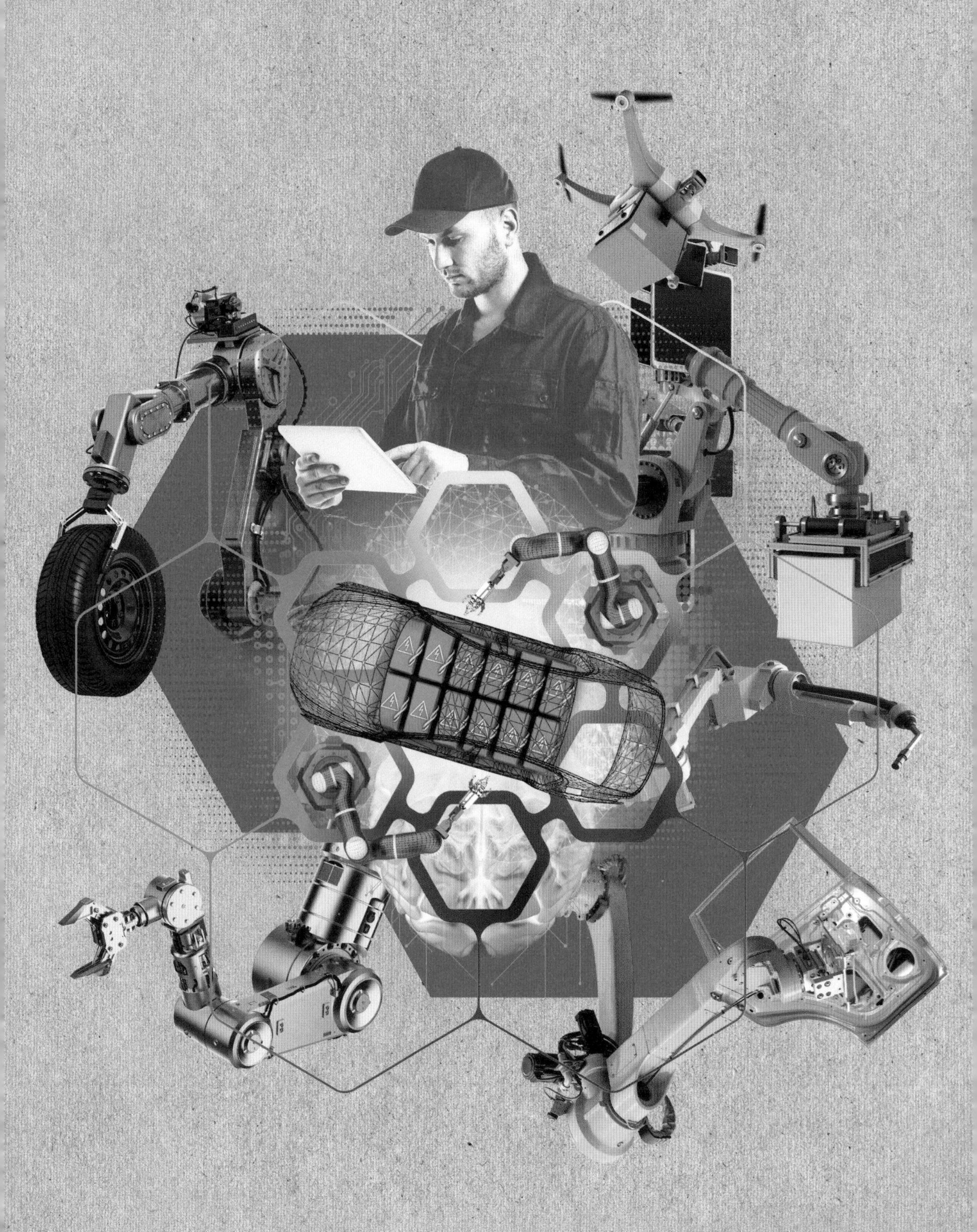

能源供应与分配

30秒探索数据大爆炸

3秒钟样本

管理电力系统中可再生能源增长和分布式能源增长的关键在于数据科学。

3分钟分析

化石燃料仍然占全球能源消耗的很大一部分，石油和天然气公司也充分利用了数据分析技术——描述地表下未开发油藏的特征、钻探新井时优化钻井作业流程、预测即将发生的设备故障、决定混合哪些油流，诸如此类，不胜枚举。

能源供应正从化石燃料、集中型基础设施转向可再生能源、分散型基础设施，而数据分析缓解了随之而来的挑战带来的压力。由于风电场和太阳能光伏发电厂的电能输出取决于天气，在改善发电系统的设计和运作方面，基于预测分析的高分辨率天气预报系统，如优化风电场内风力涡轮机的布局，自动调节太阳能电池板的角度以确保不论天气如何变化，都能实现发电量最大化等得到了广泛应用。而由于“分布式能源”的增长，电网变得愈加复杂，当电力被传送给终端客户时，数据分析对于电网管理至关重要。分布式能源，如备用发电机、家用电池和智能恒温器等通常为家庭和企业所有。这些设备对平衡电网十分重要，电网运营商可以随时根据天气、历史能源需求、每种设备的性能和容差、电网状态（如电压）等数据进行分析，以确定利用哪种设备组合进行发电。数据分析能够帮助电网运营商预测未来几十年内基金最为匮乏的部分，从而有助于规划基础设施方面的投资。

相关话题

另见

工业4.0 第100页

3秒钟人物

托马斯·爱迪生
Thomas Edison
1847—1931

世界首个电网设计师，该电网于1882年在美国纽约市投入使用。

本文作者

卡特里娜·韦斯特霍夫
Katrina Westerhof

人口和基础设施状况等数据有助于决定在何处增加电网容量。

物流

30秒探索数据大爆炸

3秒钟样本

数据分析能够优化路线，使得从A点到B点的运输更加高效、可靠。

3分钟分析

在供应链管理的背景下，物流分析更有意义。预测性数据分析会考虑地缘政治、气候变化以及消费者情绪对产品可得性或需求的影响等因素，从而改善库存管理。此外，供应链的集成数据会带来新机遇，例如，动态调整成熟水果的运输路线，将它们运输至更近的商店或水果卖得更快的商店，进而减少食品浪费。

路线优化——源于预测性数据分析和规范性数据分析——降低了燃油消耗，提升了服务可靠性，为以往技术含量低的物流业带来了诸多益处。如今，物流公司在派送包裹时，可以根据交货期限、运输模式和天气预报等数据为整个车队的每位驾驶员制定每日最高效路线。在货物运输中，从上游来说，托运人可以应用类似的技术优化从起运点至配送中心的路线，选择正确的交通方式（如海运、空运、铁路运输、公路运输等）组合，保证每批货物最高效、准时地到达目的地。在这两种情况下，现有的工具都可以进行动态的路线优化，让承运人能够根据变化的条件实时调整包裹路线，甚至能够推荐每段路线的理想行驶速度，让交通工具一路绿灯，畅通无阻。除了优化物品的运输方式外，大数据和数据分析还为全球物流网络的构建提供有效信息，例如，随着运输限制和客户需求的变化，应在何处建立新的配送中心和客户取货点等枢纽。

相关话题

另见
工业4.0 第100页
购物 第118页

3秒钟人物

胡安·佩雷斯
Juan Perez
1967—

美国联合包裹运送服务公司的首席执行官兼首席信息官，带领公司推出了名为ORION的路线优化系统。

本文作者

卡特里娜·韦斯特霍夫

动态路线优化可帮助托运人从容应对供应链中不断变化的条件。

1860年2月29日
出生于美国纽约州布法罗（Buffalo）

1875年
进入纽约市立学院就读

1879年
获得哥伦比亚大学采矿工程专业学士学位

1880年
担任老师威廉·特罗布里奇（William Trowbridge）的助手，威廉当时在美国人口普查局工作

1889年
获得了穿孔卡片制表机的专利（专利号：395782）

1890年
获得哥伦比亚大学博士学位

1890年
获得艾略特·克瑞森奖（Elliot Cresson Medal）

1890年至1900年
签订合约，将制表机用于1890年的美国人口普查

1911年
（与他人一同）建立了计算制表记录公司（Computing-Tabulating-Recording Company）

1918年
开始逐步退出计算制表记录公司日常运营工作

1921年
退休

1924年
计算制表记录公司更名为IBM公司

1929年11月17日
于美国华盛顿哥伦比亚特区逝世

赫尔曼·何乐礼

HERMAN HOLLERITH

1889年1月2日，美国专利局授予一项发明以专利权，专利号为395782，该发明“通过在纸上穿孔或组合穿孔分别记录个人统计项目……然后通过机械计数器……对（上述项目）进行计数”。专利局从未想过，395782号专利会在接下来的20年里变革全球人口数据的追踪方式，激励现代计算的创新。那么这项专利的发明人是谁呢？他就是赫尔曼·何乐礼——一位杰出的统计学家、美国人口普查局顾问、鸡肉沙拉爱好者。

何乐礼出生于1860年。他对拼写的厌恶如同乌云一般笼罩了他的早期教育阶段，但这并不妨碍他后期取得重大成就。在获得哥伦比亚大学的学士学位后，他于1880年应邀与威廉·特罗布里奇教授一同工作。此后10年中，何乐礼涉足了技术领域，于麻省理工学院任教，还在美国专利局短暂任职，并且之后取得了更大的成就。

故事是这样的，1882年的一个晚上，何乐礼正和女友以及女友的父亲约翰·肖·比林斯（John Shaw Billings）博士共进晚餐。比林斯当时在美国人口普查局工作，他提出了使用自动化机器计算人口普查统计结果的想法。这激起了何乐礼的创造灵感，此后建造一台这样的机器便成了他在麻省理工学院的工作重心。最后，他发明了一台制表机，该机器利用一系列独立的穿孔卡片，使每个孔都对应一个特定的普查类别。

在1889年被授予专利权后，何乐礼的机器被美国人口普查局应用于1890年的人口普查中，节省了数年时间和数百万美元。加拿大、挪威、奥地利、英国等国很快引进了该机器。之后落后的方法如同穿孔所产生的孔屑一样，慢慢消失于人们的视线之中。

何乐礼不仅是伟大的统计学家和发明家，也是一位企业家。1896年，他成立了制表机器公司（Tabulating Machine Company）以售卖他的制表机。由于市场竞争激烈，1911年，这家公司与其他公司合并为计算制表记录公司，在此之前，何乐礼一直担任公司顾问。1924年，计算制表记录公司更名为IBM公司，现已成为世界最大的计算机公司之一。

赫尔曼·何乐礼的发明为各国政府提供了帮助，促进了美国计算机的高速发展，他在统计学方面的真知灼见以及解决大规模数据存储和管理问题的机械专长，都在历史上留下了浓墨重彩的一笔。

阿迪蒂亚·兰加纳坦

营销

30秒探索数据大爆炸

3秒钟样本

数据科学日益崛起，成了独立于软件工程和统计学的领域，数字营销的主导地位愈发凸显。

3分钟分析

一些人哀叹数据科学与营销之间的紧密联系。大数据软件公司Cloudera的杰夫·哈默巴赫尔（脸书的前首席数据科学家）有一句名言："我们这代人中最为足智多谋的都在思考如何让人们点击广告。"平台运营者用尽一切手段让你沉迷于某平台，为的就是争取更多的时间对你投放广告，因此，数据科学是导致社交媒体成瘾现象的关键因素，这是数据科学最不利的一面。

营销数据科学可以帮助企业更有效地定位理想客户。这在某种程度上带来了一种均衡效应，促使新兴零售商与亚马逊等知名大型在线零售平台展开竞争。然而，一些知名公司在获取用户数据方面仍拥有强大的竞争优势。较小的公司几乎完全依靠用户本地终端数据和（提供个人信息和商业信息的）数据代理公司来建立客户资料库，而亚马逊、谷歌和阿里巴巴等大型公司拥有着各自用户的大量数据。亚马逊2019年的一份公开报告显示，1亿多名客户付费成了亚马逊金牌会员，其两日送达服务还附带了流媒体内容推送、食品配送等其他众多服务。在这个例子中，仅数据可用性带来的营销优势就有目共睹，因此，有人提议，反垄断法应规定公司不得同时充当卖家和销售平台的角色。无论网络商务未来如何发展，社会的数字化程度显然会越来越高。数据科学将起到举足轻重的作用，能够确定客户群体，更重要的是，预测客户想买的商品。

相关话题

另见

隐私 第86页

社交媒体 第128页

3秒钟人物

苏珊·武伊齐茨基

Susan Wojcicki

1968—

在视频网站YouTube被谷歌收购后任YouTube的首席执行官，被称作"广告界的灵魂人物"。

杰夫·哈默巴赫尔

Jeff Hammerbacher

1982—

大数据软件公司Cloudera的首席科学家兼联合创始人，曾领导脸书的数据科学团队。

本文作者

斯科特·特兰特

海量数据是具有高度针对性的消费者资料的基础，驱动着现代营销手段。

金融建模

30秒探索数据大爆炸

自从爱德华 · O. 索普将概率论在金融市场中的应用推广开以来，掌控市场一直是一项困难重重的任务，而数据科学一直是优化投资策略不可或缺的工具。可用的新数据集能够提供别具一格的信息，帮助交易者更好地预测接下来的价格变动，而在过去几年中，这些数据集的竞争也相当激烈。例如，公司每季度公布一次收益，在公布收益前汇总的信用卡数据可用于估计公司的实时收入，接着公司就能凭借这些详细的信息下注。客流量分析也有助于估算收益以及提高交易成功率——根据显示超市停车场汽车数量的卫星图像可以得知顾客数量的变化趋势，而从手机等设备获得的地理定位数据可以解释消费者行为。自然语言处理算法使得机器可以理解文本，以便机器在处理新闻推送、有关公司收益的电话会议记录和分析师报告时，能够捕捉市场情绪。

3秒钟样本

随着数字金融革命的开展，数据科学家变得越来越受欢迎，他们或许是了解市场动向这一关键信息的核心。

3分钟分析

市场影响着其参与者在交易所买卖资产的行为，而参与者自身的行为轨迹可能会使价格朝于己不利的方向变动。例如，如果参与者购买了10000股股票，最后1股股票的价格可能高于股票的初始价格。将这种影响降至最低的过程可建模为经典的“强化学习”问题，即将来自一系列行为的反馈纳入后续的交易决策中。

相关话题

另见

机器学习 第32页

IBM沃森与谷歌阿尔法围棋 第94页

3秒钟人物

爱德华 · O. 索普

Edward O. Thorp

1932—

美国数学教授，率先将概率论应用于金融市场中。

本文作者

西旺 · 加姆利尔

Sivan Gamliel

由于可用的多样性数据源越来越多，华尔街量化交易员的支配地位愈发凸显。

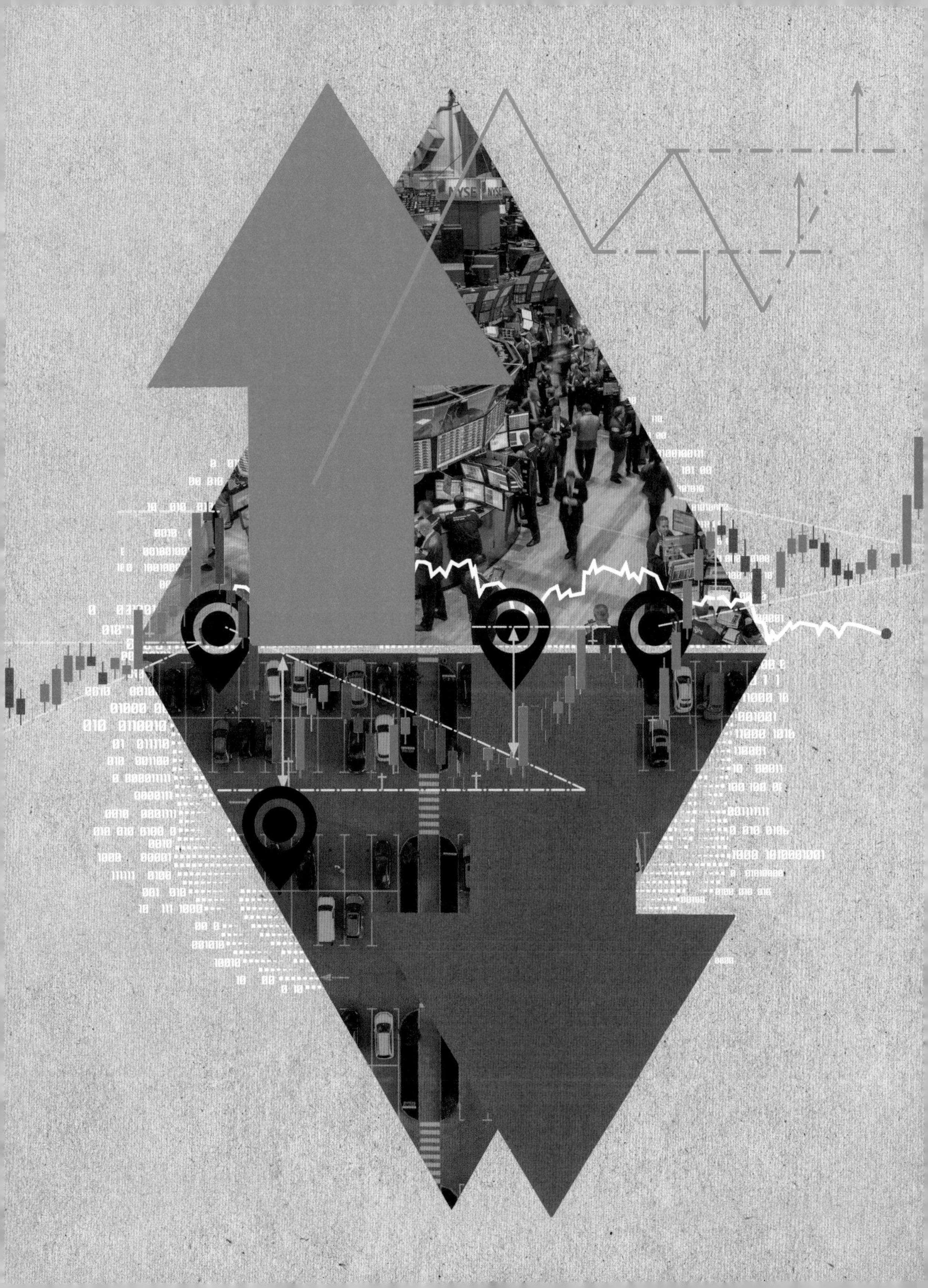
NYSE

新产品开发

30秒探索数据大爆炸

开发产品意味着解决问题或是满足消费者愿意为之付费的愿望。通常情况下，开发商首先会着眼于过去销售的产品，然后通过调查或焦点小组测试产品获得灵感和原型，接着进行相应调整并将产品投放市场。收集数据有助于产品开发商完善产品的功能和定价，但直觉往往也起着重要作用。互联网已经完全改变了这一过程，因为用户在网上浏览产品、阅读新闻甚至看电视时的一举一动都可以被跟踪。奈飞收集用户的观影偏好以及他们对已看电影的评分，并在用户使用奈飞时跟踪他们的观看时间、观看内容、是否在暂停后继续观看、是否完整观看节目以及之后的观看内容。通过对其数百万名用户进行数据分析，开发商在策划新节目前就已经知道每个观众的喜好和预计的观众数量。这样他们就能够得知哪些演员和故事会受到欢迎，然后以此为基础制作节目。数据分析改变产品开发的例子不胜枚举，这只是其中一例。

3秒钟样本

通过收集并分析基于互联网的数据，我们能够更详细地了解产品使用的时间、群体和方式，从而更深入地了解消费者需求。

3分钟分析

宝洁等大型消费品公司甚至在推出新产品（如一次性尿布）的首个实体原型之前，就已利用数据建立了新产品的计算机模型。新产品进入市场后，这些公司会利用计算机化的“数字脉冲”跟踪博文、推文、在线评分和评论，以了解产品运行情况。这有助于它们迅速应对市场上或好或坏的状况。

相关话题

另见
从数据中学习 第20页
营销 第108页
购物 第118页

本文作者

史兆威

由于开发商掌握着海量信息，他们或许能够先你一步，预测到你想要什么。

INDUSTRIAL SCOPEMETER
2.5566 V

娱乐

术语

人工智能 常与“机器学习”一词互换使用；指对计算机进行编程的过程，旨在发现大数据集中的模式或异常，或确定某些输入量和输出量之间的数学关系。人工智能算法已被广泛应用于医疗保健、无人驾驶汽车和图像识别等领域。

算法 为供计算机执行任务而设计的一组指令或运算。编写算法被称为“编码”或“计算机编程”。算法的结果各式各样，可以是两个数字之和，也可以是无人驾驶汽车的运行。

分析机 查尔斯·巴贝奇（Charles Babbage）于19世纪初设计的机械计算机，它能够根据穿孔卡片上的指令或输入数据执行算术运算和逻辑运算。巴贝奇没有在有生之年完成这台机器的制造，但是伦敦科学博物馆于1991年建造了一台经过改进的机器。

用户本地终端数据 存储于个人网络浏览器中并在各个网站上被共享或跟踪的信息，作用是跟踪用户上网轨迹。它们能让第三方广告商根据用户浏览历史投放定制广告。

关联风险 单一事件造成的多个负面结果或损失。例如，一场飓风可能造成许多房屋受损以及人员受伤。

数据分析 获取、清洗、分析数据，旨在获得有效信息、解答研究问题或为决策提供信息支撑。规范性数据分析用以描述可用数据并从中得出结论；预测分析旨在概括数据以预测未来。

数字时代 自20世纪70年代开始延续至今的一个时期，以科技高速发展为特点，涵盖了个人计算机的出现和互联网的兴起。

数字图书馆 有时可通过互联网访问或下载的大型数据存储库、档案库，可用于商业或研究目的。数字图书馆包括图像、文本或数值数据等。

电竞 电子竞技，个人玩家或玩家团队在国际比赛中为了赢得游戏、争取奖金而互相竞争。

地理定位特许经营模式 位于特定城市的电竞玩家团队组成特许经营团队，参加某一电竞游戏的国际性或全国性比赛。

直播 通过互联网进行视频或音频直播。人们经常通过直播观看电子竞技。

机器学习 能够明确输入量与输出量之间的数学关系。这种经“学习”而得的关系可以根据输入量预测、分类输出量。例如，一个机器学习模型可以根据患者体重预测其患糖尿病的风险。这种模型是通过在包含数千个历史数据点的训练集中拟合函数而建立的，其中每个点都代表一个患者的体重及患病情况（是否患有糖尿病）。当新的患者体重数据通过模型运行时，这一经“学习”而得的函数就能够预测这些患者是否会患糖尿病。现代计算机硬件使机器学习算法变得更为强大。

指标 对性能的定量测算。例如，用于评估自动化决策算法准确性的指标至关重要。同样，用于衡量通货膨胀的指标、富时100指数（FTSE 100 index）等也是评估经济表现的重要指标。

模型/建模 用数学术语表示现实世界的过程或问题；时而简单，时而非常复杂，常用于预测或预报。

STEM 科学、技术、工程和数学领域。

滑动 在智能手机屏幕上滑动手指与应用程序交互的行为。滑动被广泛应用于交友软件中，用户可以将推荐匹配对象的照片向右滑或向左滑，以表示“感兴趣”或“不感兴趣”。

可穿戴技术 能穿戴在身上的电子设备，如活动监视器、智能手表等。

购物

30秒探索数据大爆炸

现如今，随着各家零售商纷纷涌入互联网，消费者几乎可以足不出户就能买到所有商品。这导致零售商能够获得与消费者相关的大量准确数据，从而更好地根据消费者习惯对他们进行定位。比如，世界上最大的网络零售商之一亚马逊能够根据消费者之前的购买记录、评分记录和愿望清单推荐商品。然而，并非只有与亚马逊规模相当的企业才拥有这种能力。现有的服务能够提供人工智能解决方案，帮助各种规模的零售商利用算法开展业务。这意味着网络零售商下次就能通过人工智能告诉你，哪件T恤和你的牛仔裤最搭。数据科学不仅能够提供购物建议，还能够创新商品购买方式。人脸识别技术与智能设备的结合让人们能够在不使用信用卡的情况下进行付款验证。

3秒钟样本

网上购物已经改变了我们已知的购物方式，但网站是如何先我们一步，预测到我们想要什么的呢?

3分钟分析

你有没有想过，网站怎么知道你前几天浏览了哪双鞋子？答案就是用户本地终端数据。它们是来源于网站并存储在网络浏览器中的零星数据，能让网站记住用户的历史活动、购物车物品等各种信息，这就解释了为什么那双鞋会再次出现在你的视线中。

相关话题

另见

数据收集 第16页
从数据中学习 第20页
人工智能 第148页

3秒钟人物

杰夫·贝索斯
Jeff Bezos
1964—
科技企业家，亚马逊创始人、首席执行官、总裁。

本文作者

罗伯特·马斯特罗多梅尼科
Robert Mastrodomenico

网购与新支付方式的结合带来了高科技消费者保护主义，同时为零售商提供了宝贵的数据。

交友

30秒探索数据大爆炸

在交友网站注册成为其会员时，你需要完成很多问题，这些问题可测出你的性格特征，能够帮你找到完美伴侣。这是如何做到的呢？网站会基于问题的重要性对它们进行加权，接着将结果输入算法，然后计算出分数，得分就显示了你对其他匹配对象的满意度。然而，最佳匹配对象的结果并非只取决于你——还取决于匹配对象对你的答案有多满意。因此，匹配过程背后的统计学说明爱情并不是一条单行道，这似乎很有道理。网上交友还会用到交友软件的“左右滑动”功能。你会在软件上看到基于定位、年龄偏好等固定数据的推荐匹配对象。接着，你就可以通过向左或向右滑动来标记自己的想法。出现在屏幕上的推荐对象不仅仅取决于你的固定偏好；复杂的算法也会从你和他人使用软件的方式中学习，并为你推荐最有可能让你产生好感的匹配对象。

3秒钟样本

网上交友已经改变了人们寻找爱情的方式，让找到伴侣与统计学之间的关系比想象中更为密切。

3分钟分析

“右滑”悖论：交友软件的用户是否应该不停地滑动手指，查看所有的推荐对象？由于最好的选择一般会最早出现，你每滑一次，可能就会看到一个更不合自己心意的对象，如此循环往复，最后你会发现自己已经“左滑”拒绝的对象好像也没那么糟糕。从数学角度来看，这一点确实成立。

相关话题

另见
回归 第24页
聚类 第28页
机器学习 第32页

3秒钟人物

戴维·施皮格哈尔特
David Spiegelhalter
1953—
统计学家、风险公共认知教授、《通过数字了解性行为》（*Sex by Numbers*）一书的作者。

汉娜·弗赖伊
Hannah Fry
1984—
数学家、讲师、作家、电视节目主持人，研究与交友和恋爱有关的人类行为模式。

本文作者

罗伯特·马斯特罗多梅尼科

一“滑”钟情？数据科学家正致力于通过匹配个人数据来提升这种可能性。

音乐

30秒探索数据大爆炸

3秒钟样本

数字时代为我们打开了音乐世界的大门，但可选择的音乐如此之多，我们如何才能找到自己心仪的新音乐呢?

3分钟分析

有两位用户：一位喜欢歌曲甲、乙、丙、丁；另一位喜欢歌曲甲、乙、丙、戊。基于此，音乐流媒体服务供应商可以将歌曲丁推荐给第二位用户，而把歌曲戊推荐给第一位用户，原因是他们都喜欢甲、乙、丙这三首歌。这种推荐范围更广，面向全体音乐流媒体服务用户。

音乐已经从实体数据库转至数字图书馆中，这改变了我们听音乐的方式。由于数字音乐图书馆的存在，我们能够一键访问艺术家创作的数百万首歌曲。音乐不计其数，供应商如何根据我们的听歌习惯为我们推荐歌曲、定制播放列表呢？举个例子，声田是世界上最知名的音乐流媒体服务供应商之一，它利用数据的力量，三管齐下，目的就是确定你可能喜欢的音乐。第一种方法是通过比较你与其他用户的听歌习惯进行推荐。第二种方法是应用机器学习技术，分析文本数据（如新闻文章、博文，甚至是数字音乐文件中存储的文本数据），进而确定你可能喜欢的音乐。第三种方法是分析歌曲原始音频的内容，从而对不同歌曲进行相似性分类。音乐流媒体服务供应商能够结合三种方法所得的结果，在提供不同类型、不同时代音乐的平台上，为每位用户定制播放列表。为了充分利用新技术，音乐流媒体服务供应商也在不断推陈出新。

相关话题

另见
数据收集 第16页
机器学习 第32页

3秒钟人物

马丁 · 洛伦松
Martin Lorentzon
1969—

丹尼尔 · 埃克
Daniel Ek
1983—

瑞典企业家，共同创建了提供流行音乐流媒体服务的声田。

本文作者

罗伯特 · 马斯特罗多梅尼科

音乐流媒体服务供应商可以利用听歌数据向用户推荐他们原本根本不会去听的新音乐。

1815 年 12 月 10 日
出生于伦敦

1816 年
父母离异，之后跟随母亲生活

1824 年
洛夫莱斯年仅 36 岁的父亲拜伦勋爵（Lord Byron）去世

1829 年
染上麻疹，之后瘫痪了一年

1833 年
初识数学先驱查尔斯 · 巴贝奇

1835 年
与威廉 · 金（William King）结婚

1836 年
生下第一个孩子

1838 年
跟随丈夫享受爵位待遇，成为洛夫莱斯伯爵夫人

19 世纪 40 年代
试图提出可应用于博彩的数学方法，但因此几乎倾家荡产

1842 年至 1843 年
翻译《分析机概论》（*Analytical Engine*）注释版

1852 年 11 月 27 日
于伦敦逝世

埃达·洛夫莱斯

ADA LOVELACE

埃达·洛夫莱斯被视为计算机编程的创始人。在当时，女性在科学、技术、工程和数学领域几乎寂寂无闻。洛夫莱斯是一位天赋异禀的数学家，据说她在理解第一台数字计算机——分析机的运作上有着独特的直觉。她在现代计算机科学领域做出了不可磨灭的贡献；她的工作或多或少地对巴贝奇、图灵等计算机之父有所启发，或是直接为他们的思想奠定了基础。

在成长过程中，洛夫莱斯深受多位数学老师的指导。洛夫莱斯的父亲正是诗人拜伦，尽管在她出生后不久，母亲就带她离开了父亲，但母亲仍担心父亲的诗人气质会影响到她。因此，尽管母亲自己不是数学爱好者，她还是鼓励洛夫莱斯学习数学和逻辑，以此掩盖洛夫莱斯的诗人气质。据说，洛夫莱斯对缺席自己生活的父亲仍然怀有好感。此外，她的数学发明常常充满创造力，不仅体现了逻辑思维，还体现了艺术思维。

17岁时，洛夫莱斯结识了第一台数字计算机的发明者查尔斯·巴贝奇，他带领洛夫莱斯进入了计算机器的新兴世界。她被巴贝奇的工作深深吸引，在之后的20年中，他们一起工作，这便是洛夫莱斯短暂生命的最后时光。期间，她帮助巴贝奇设计了分析机及其结构，这是一种复杂且功能更强大的差分机，用洛夫莱斯的话来说，分析机“编织……代数，如同提花织机编织花朵和树叶一样”。

洛夫莱斯是公认的分析机的核心贡献者。1843年，洛夫莱斯翻译了法国工程师路易吉·梅纳布雷亚（Luigi Menabrea）有关分析机的作品，从而更加声名远扬。她的译作比原作长得多，其中包括她本人加注的许多新想法和改进之处。这些注释或许是约一个世纪后艾伦·图灵第一台“现代计算机”的主要灵感来源。

洛夫莱斯在现代计算机领域留下了不可磨灭的印记。她在短短36年的生命中贡献如此之大，同时平衡了她作为母亲和数学家的角色，这使得她的成就更加不同凡响。

阿迪蒂亚·兰加纳坦

体育运动

30秒探索数据大爆炸

运动场的门总是向专业统计人员和业余统计人员敞开，他们能够衡量团队和运动员的表现。自19世纪以来，人们一直都在使用打点、投手自责分率等可靠的棒球成绩衡量指标。然而，最近的技术进步使得数据科学迎来爆炸式发展，对运动员和观众都造成了影响。可穿戴技术的发明让数据科学家能够追踪运动员及其活动。例如，在网球运动中，许多专业球员已经开始使用带有嵌入式传感器的球拍，这种球拍可以让他们实时跟踪击球速度、球的旋转情况和击球位置。相机和雷达设备的广泛使用也是技术进步的成果。在多数大型体育运动项目中，高精度相机的普遍使用使运动员和观众获得了空前敏锐的洞察力。例如，球队的定量分析师通过使用美国职业棒球大联盟的高精度摄像技术所提供的新指标，证明了击球手在纠正“发球角度”后会取得更好的成绩。由于运动员仍在利用数据科学提升比赛成绩，目前在运动指标方面的“军备竞赛”短期内还不会偃旗息鼓。

3秒钟样本

数据革命促进了体育运动的发展，影响了运动员、球队经理、裁判和粉丝等的体验。与之相比，著名电影《点球成金》中的情节只能算是“小儿科”。

3分钟分析

数据科学在体育运动领域影响渐增，由此引发了两个对立派别——纯化论者和电脑奇才的讨论。在电影《点球成金》中，一位特立独行的量化评估球员的棒球经理颠覆了由资深球探设计的体系。近来，一些运动员指责统计学家缺乏经验。然而，成功的数据团队会利用专家观点来完善自身分析。

相关话题

另见
从数据中学习 第20页
统计学与建模 第30页

3秒钟人物

比尔·詹姆斯
Bill James
1949—
棒球作家、统计学家，开创了一系列球员评价公式。

比利·比恩
Billy Beane
1962—
率先使用非传统指标来识别被低估的棒球运动员。

本文作者

斯科特·特兰特

运动员经验与科学数据的结合造就了最有效的运动数据科学。

社交媒体

30秒探索数据大爆炸

在短短几年内，脸书、色拉布（Snapchat）和推特等公司已从小型互联网创业公司发展成为市值数十亿英镑且影响力巨大的科技巨头。脸书目前已覆盖美国近90%的移动互联网用户，而推特的日活量达到1亿，这相当于世界人口排名第十五的国家的人口总数。这些公司的用户规模如此之大，因此它们能够利用各自平台上生成的大量数据来发现有关其受众的新趋势，以便更加了解受众，进而用这些信息做出更明智、更可靠的商业决策。社交媒体公司跟踪用户并利用算法了解用户兴趣，进而投放具有高度针对性的广告，它们每年的广告收入达到数十亿英镑。同样的机器学习算法可用于定制用户看到的广告。社交媒体平台有着生成时间轴数据、推荐好友等功能，在用户和应用程序的交互中发挥着重要作用，进而影响着用户和周围世界的交互。这些平台已从起初的发布个人状态的平台发展成了集公共论坛、市场和新闻机构为一体的平台。

3秒钟样本

自21世纪初以来，数据科学在很大程度上推动了社交媒体的发展，让社交媒体改变了人们交流、获取新闻、发现新趋势的方式。

3分钟分析

《黑镜》一类的电视剧让我们以不同的视角看待社交媒体的不断发展。其中一集《急转直下》描述了一个“社会信用”至上的世界，在这个世界中，“社会信用”源于人们的面对面互动和网络互动，能够决定一个人的居住区域、可购买的物品、交谈对象等内容。中国已经建立了社会信用体系，根据个人可信度决定他是否能够开展贷款、旅游等活动。

相关话题

另见
隐私 第86页
营销 第108页
社会信用评分 第146页

3秒钟人物

杰克·多尔西
Jack Dorsey
1976—
推特联合创始人兼首席执行官。

马克·扎克伯格
Mark Zuckerberg
1984—
脸书联合创始人兼首席执行官，23岁时成为世界上最年轻的、白手起家的亿万富翁。

本文作者

斯科特·特兰特

社交媒体迅速发展，拥有了超前的数据捕捉能力，其影响已渗透至日常生活的方方面面。

游戏

30秒探索数据大爆炸

竞技类电子游戏，即电竞，是一种新兴的全球体育赛事，指职业玩家在座无虚席的体育馆内为了价值数百万英镑的奖池相互竞争。与传统体育赛事不同的是，电竞爱好者能通过Twitch等平台上的直播功能更直接地观看比赛。电竞消费者主要是20岁到30岁的男性，他们是各个企业的主要目标群体。各企业通过使用分析工具和调查方法跟踪粉丝群体的习惯和兴趣，从而为目标群体定制内容。然而，由于电竞消费者减少了通过电视进行的消费，并且常使用浏览器自带的广告屏蔽工具屏蔽网络广告，各企业正在寻找非传统方法来触及这一群体。例如，由于电竞带有数字化属性，所以各种品牌能够直接在电子游戏中展示其产品，不受屏蔽。此外，电竞职业玩家大大影响着他们的粉丝对某种产品的看法。因此，各企业常与这些玩家合作，利用他们的人气触及产品目标受众。

3秒钟样本

电竞正通过非传统在线媒体吸引数字悟性高的年轻粉丝，从而将数据科学引入年轻一代的娱乐领域。

3分钟分析

尽管在线直播技术促进了电竞的蓬勃发展，但电竞赛事仍像传统体育赛事一样，开始通过电视直播，期间还有插播广告。电竞企业正采用地理定位特许经营模式，以期利用电视广告和赞助合作增加收入。这一举措有利于推广电竞，使其逐渐成为主流。

相关话题

另见

从数据中学习 第20页

体育运动 第126页

3秒钟人物

简彦豪

Justin Kan

1983—

美国互联网企业家，与他人共同创建了最受欢迎的电竞流媒体平台Twitch，其前身是视频网站Justin.tv。

泰勒 · 布莱文斯

Tyler Blevins

1991—

美国Twitch平台主播、网红、前职业玩家，吸引了大众对电竞世界的关注。

本文作者

斯科特 · 特兰特

随着电竞行业的发展，顶级玩家可能很快就能像职业运动员一样接到代言了。

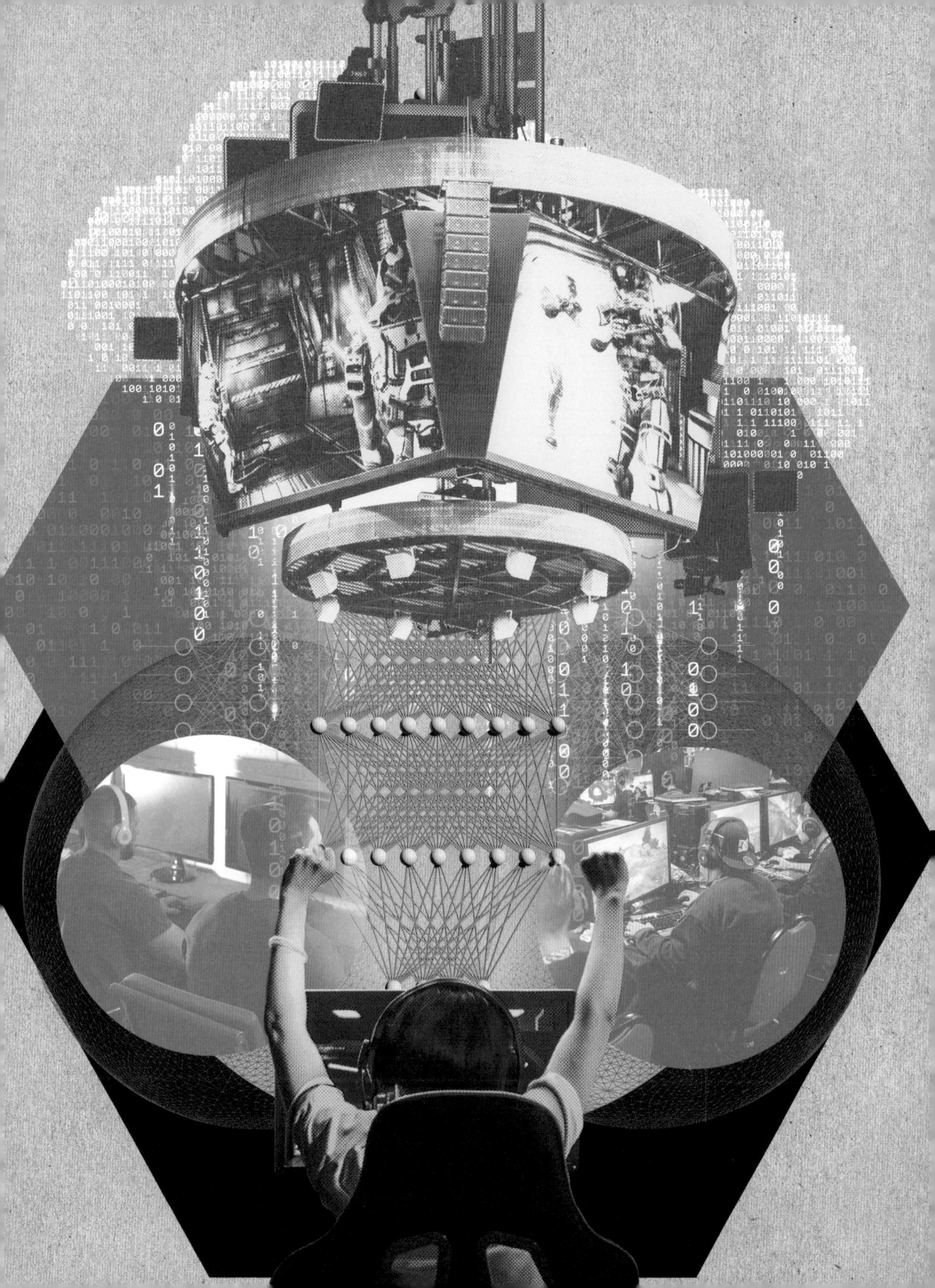

博彩

30秒探索数据大爆炸

在博彩中，统计数据驱动着许多因素，如庄家玩21点时破产的可能性、特定老虎机的摆放位置等。此外，由于数据科学不断发展，一个人获取数据的渠道越多，优势就越大。比如，资深的扑克玩家很容易就能知道，自己有多大的可能在手中牌缺一张就成顺子的情况下摸到必胜手牌，以及摸牌会带来的关联风险；赌场能使用更先进的技术，利用大量非结构化数据做出预测，用最佳方式吸引玩家在返奖率低的赌局中下更多的赌注。庄家和玩家都掌握着远超纸牌游戏和老虎机的资源。统计模型会影响体育赛事的返奖奖金——通常的做法是根据资金流动方向实时调整赔率，从而最大限度地降低体育博彩（投注体育比赛结果的博彩行为）的风险。出于相同目的，一些玩家使用或创建统计模型，以期根据数据驱动而非叙述驱动的结果做出明智的决策，让自己比那些依靠直觉的人更具优势。

3秒钟样本

数据科学与博彩的结合会产生毁灭性的影响——这使得“庄家永远是赢家”这句格言更加可信。

3分钟分析

有报道称，赌场正在利用数十年积累下来的玩家数据（通过奖励卡与每个玩家绑定），而许多博彩“专家”都写过“打败庄家”之类的书。有人靠运气博彩，希望自己一直是幸运女神的宠儿，这种玩家只是玩错了游戏——他们真应该学学统计学。

相关话题

另见

从数据中学习 第20页
监控 第82页
体育运动 第126页

3秒钟人物

理查德 · 爱泼斯坦
Richard Epstein
1927—
博弈理论家，曾是一名极具影响力的赌场统计顾问。

爱德华 · O. 索普
Edward O. Thorp
1932—
数学家，率先建立了用于华尔街和赌场的成功模型。

本文作者

斯科特 · 特兰特

超越幸运女神：如今，职业玩家与庄家利用各自的数据技能展开较量。

未来 ◑

术语

人工智能 常与“机器学习”一词互换使用；指对计算机进行编程的过程，旨在发现大数据集中的模式或异常，或确定某些输入量和输出量之间的数学关系。人工智能算法已被广泛应用于医疗保健、无人驾驶汽车和图像识别等领域。

箱形图 数据可视化的一种形式，显示了数据集的分散情况或形状。它包括中位数、下四分位数、上四分位数、离群值等重要的描述性统计数据，有时也被称作“箱形图”。

聊天机器人 设计用于通过文字与人类用户交互或“聊天”的计算机程序；通常用于客户服务，能够比人工客服更有效地处理客户问题。

数据伦理 关注数据如何以符合伦理的方式被收集、存储、分析和传播；在处理个人数据时，这一点尤为重要。

数据合法性 有关数据收集、存储和访问的方式以及执行者的合法性。

深度伪造技术 将图片、视频或音频片段合并添加到源图片、视频或音频上，拼接合成虚假内容，展现某人没做过的事或是没说过的话的人工智能技术。这种处理包括在照片中将一个人的头部嫁接到另一个人的身体上，或将音频与有人开口说话的视频剪辑到一起。

基因组学 对DNA的结构和功能进行研究的一门学科。

纵向行为调查 在一段时间内对同样的对象或参与者进行重复研究。

机器学习 能够明确输入量与输出量之间的数学关系。这种经“学习”而得的关系可以根据输入量预测、分类输出量。例如，一个机器学习模型可以根据患者体重预测其患糖尿病的风险。这种模型是通过在包含数千个历史数据点的训练集中拟合函数而建立的，其中每个点都代表一个患者的体重及患病情况（是否患有糖尿病）。当新的患者体重数据通过模型运行时，这一经“学习”而得的函数就能够预测这些患者是否会患糖尿病。现代计算机硬件使机器学习算法变得更为强大。

挖掘信息 大规模地收集数据（通常是通过互联网收集）。数据可以从网站上直接挖掘或“搜刮”而来。在挖掘个人数据时，道德和隐私因素就显得尤为重要了。

纳米技术 通常涉及对单个分子的操纵，包括碳纳米管（carbon nanotube）、布基球（buckyball）等纳米材料。

自学习 机器学习的一种类型，通常用于发现数据集中的模式或结构，也被称作“无监督学习”。

SMART 自动监视分析及报告技术，用以描述具有实时分析功能或机器学习功能的联网设备。智能手表通常装有人体活动监视器，且与互联网相连接，智能电视有语音识别功能。

社会信用评分 政府机构对公民进行“评分”的制度，评分依据是守法情况、财务状况、就业状况和受教育程度等公民行为。个人社会信用评分会影响其获得社会服务或贷款的能力。

茎叶图 数据可视化的一种形式，与直方图类似，用于显示数据集的分散情况或形状。

时间序列分析 对随时间变化的数据或变量的分析，包括确定数据的季节性趋势或变化模式，或是预测变量未来的取值。

拓扑学 数学的一个分支，研究几何物体及其经过拉伸、弯曲或扭曲后的属性。

个性化医疗

30秒探索数据大爆炸

人类始终对自身兴趣盎然。因此，也难怪我们总是想知道自己身体内部正在发生些什么。由于消费者有着对个性化健康数据的需求，智能手表、健身追踪器等提供实时反馈的可穿戴设备十分畅销。但下一代可穿戴设备会是什么样？数据能告诉我们什么呢？随着科技逐渐成为我们生活中不可或缺的一部分，不难想象，用于检测或监测疾病的高科技衣服、智能皮肤贴片或可食用的纳米材料在未来都会出现。我们不用再做一次性的血液检测，只需贴上由一系列微针传感器组成的智能贴片，就能实时了解体内的化学变化。再者，类似文身的灵活且可伸缩的传感器可在我们运动时监测乳酸值或感知环境中化学物质和污染物的变化。想象一下这些数据——那是不计其数的海量数据。未来的可穿戴设备能在一分钟甚至一秒钟内收集数千个数据点，而强大的算法、机器学习和人工智能可以还原这些数据的意义。这一技术至关重要，有助于挖掘信息，让人们更加了解疾病、全民健康趋势以及预示着紧急医疗情况的生命体征。

3秒钟样本

可穿戴技术能利用大量人类数据，开启实时医疗的大门，并探索出检测、预防疾病的新方法。

3分钟分析

由于可穿戴设备与医疗设备之间的界限越来越模糊，人们越来越关注数据的可靠性和安全性。例如，目前用于检测黑色素瘤皮肤癌的智能手机应用程序失效率极高。如果人们决定依靠可穿戴设备改变自己的生活方式，或是专业医疗人员要依靠设备做出治疗决定，那么这些设备必须通过所有必要的临床试验，并得到有力的科学证据支撑，这一点至关重要。

相关话题

另见
流行病学 第76页
伦理 第152页

3秒钟人物

约瑟夫·王
Joseph Wang
1948—
美国研究学者、加州大学圣迭戈分校可穿戴传感器中心主任，率先将可穿戴传感器应用于疾病监测中。

杰夫·威廉斯
Jeff Williams
1963—
苹果公司首席运营官，监督苹果手表和苹果公司健康计划的实施。

本文作者

斯特凡妮·麦克莱伦

要获得安全可靠的信息，就应当对个性化医疗进行适当监管。

心理健康

30秒探索数据大爆炸

心理健康障碍影响着世界上超过9.7亿的人。这种疾病不仅会产生长期影响，而且常常会让患者感到难堪，但往往较少被诊断出来。心理健康数据来源于纵向行为调查、脑扫描、行政医疗数据和基因组学研究。这类数据难以获得且十分敏感。数据科学有助于获取这些数据，并且促进了它们在心理健康方面的应用，包括虚拟咨询、远程精神医疗、对社交媒体的有效利用以及对移动医疗设备数据的分析等。例如，数据科学与手机软件相结合，利用流程图等视觉手段跟踪患者情绪，接着通过算法生成针对性建议，并让患者接受心理咨询师的治疗，从而改善他们的抑郁和焦虑症状。机器学习从社交媒体等来源中挖掘非结构化文本以检测精神疾病的症状，接着提供诊断并创建算法来预测患者自杀的风险。此外，人工智能可以与脑扫描和神经网络结合，提供个性化的精神医学治疗。然而，它们的关键在于保护个人信息的私密性、维护数据安全和数据使用的透明度。

3秒钟样本

数据科学使数字心理健康服务成为可能，同时提升了服务的可及性及疗效。

3分钟分析

在远程精神医疗和虚拟代理人的帮助下，越来越多的人找到了合适的心理治疗途径，这缓解了心理咨询师短缺的问题，且有助于患者克服病耻感。3D聊天机器人埃利（Ellie）能够做出各种各样的面部表情并发现非语言线索。算法能够处理患者的语言和表情，从而决定埃利用什么样的表情和语言回应。一项研究显示，埃利能够在常规体检中诊断出军人是否患有创伤后应激障碍，且更为有效。它能与患者建立融洽的关系并取得患者信任，这使得它能够发挥更大的作用。

相关话题

另见

神经网络与深度学习 第34页
健康 第92页
个性化医疗 第138页

3秒钟人物

埃米尔·克雷珀林
Emil Kraepelin
1856—1926
将数据科学概念引入精神分裂症和双相情感障碍诊断中。

亚伦·贝克
Aaron Beck
1921—2021
编制了用于诊断抑郁症的贝克忧郁量表（Beck Depression Inventory，BDI）。

本文作者

鲁帕·R. 帕特尔

将数据科学运用于心理健康领域应考虑到重要的伦理问题。

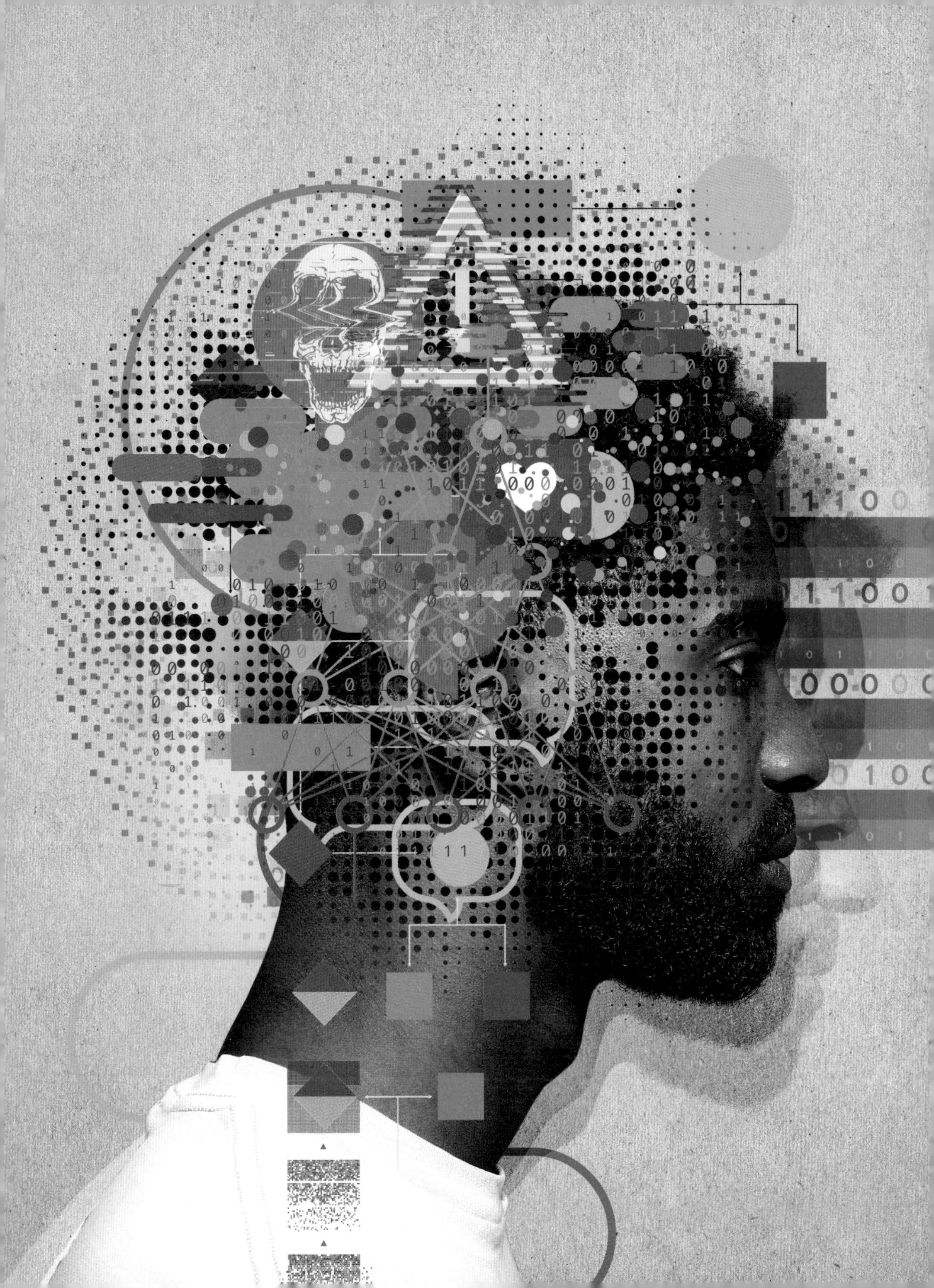

智能家居

30秒探索数据大爆炸

我们的住宅变得越来越智能。现代家具中有一些功能齐全的智能设备，能够开灯、播放歌曲，甚至还能点比萨。人们可以通过手机、智能音箱等多种媒介操控这些设备，例如人们只需按一下按钮或说出指令，就可以打开集中供暖系统。住宅中的智能设备越多，它们发出的数据就越多，可收集的信息也就越多。这些数据让设备本身可以很好地应用机器学习和人工智能技术。以智能音箱为例，你一提出要求，智能的语音处理系统就会通过互联网接收要求并进行处理。音箱接收的数据越多，处理请求的效果就越好。这意味着智能家居会变得越来越智能。但智能设备的学习方式也引发了人们对个人隐私的担忧：某些大公司已经被迫道歉，因为为了提升语音识别能力，它们曾允许员工监听私人住宅中的对话——人们对隐私的合理担忧已经渐渐凸显。

3秒钟样本

如今，机器学习和人工智能已经把普通家庭变成了智能家庭。

3分钟分析

智能音箱使用的是自学习技术，这意味着它们能够从犯过的错误中学习。因此，如果智能音箱无法理解你第一次提的要求，你可以换种表达方式，这样智能音箱就可以知道这两个要求是相关的，接着结合两者，从中学习。

相关话题

另见
工具 第22页
机器学习 第32页
人工智能 第148页

3秒钟人物

威廉 · C. 德尔沙
William C. Dersch
20世纪60年代成名

发明了第一个知名的语音助手，即IBM的语音识别机器Shoebox。

罗希特 · 普拉萨德
Rohit Prasad
托尼 · 里德
Toni Reid
2013年成名

亚马逊人工智能专家，发明了亚马逊的语音助手Alexa。

本文作者

罗伯特 · 马斯特罗多梅尼科

SMART是一个首字母缩略词，其全称是“Self-Monitoring, Analysis and Reporting Technology”（自动监视分析及报告技术），意为“智能的”，用以描述联网设备。这类智能设备都与物联网相连。

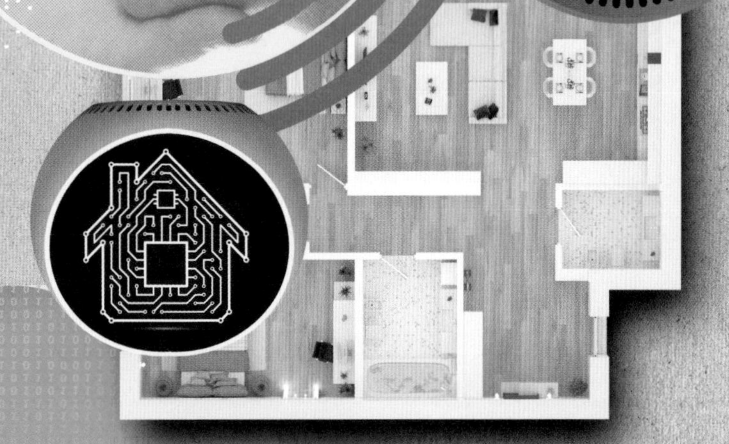

1915 年 6 月 16 日
出生于美国马萨诸塞州贝德福德市

1933 年
首次步入学校，于布朗大学就读

1936 年
获得化学专业学士学位

1939 年
获得普林斯顿大学授予的数学专业博士学位，并被聘为数学老师

1945 年
开始了在美国电报电话公司贝尔电话实验室长达 40 年的工作

1960 年
开始了在美国全国广播公司长达 20 年的工作，工作内容是预测大选之夜的结果，并探索避免错误判断的新方法；多年以来，在美国全国广播公司直播现场的背景里经常可以看到图基的身影

1965 年
创立了普林斯顿大学统计学系，并担任系主任

1973 年
获得美国国家科学奖章；担任从艾森豪威尔（Eisenhower）到福特（Ford）的历任美国总统的顾问

1985 年
从普林斯顿大学和贝尔电话实验室退休，发表题为“日落齐鸣”（Sunset Salvo）的告别演说，继续担任多家董事会和政府委员会顾问

2000 年 7 月 26 日
于美国新泽西州新不伦瑞克市（New Brunswick）逝世

约翰 · W. 图基

JOHN W. TUKEY

约翰 · W. 图基出生于1915年，他从很小的时候就表现出了非凡的才华。图基起先一直在家接受父母的教育，后来进入了罗得岛州（Rhode Island）的布朗大学学习。他在3年内获得了化学专业学士学位。从布朗大学毕业后，图基进入了普林斯顿大学，他起先学习化学，不久后又转为学习数学。1939年，24岁的图基写了有关拓扑学的学位论文，获得了博士学位，之后他直接留在了普林斯顿大学任教。1945年，他还在贝尔电话实验室兼职。直到1985年，他才从普林斯顿大学退休。

在漫长的职业生涯中，图基在许多领域都产生了深远的影响。在数学方面，他系统地阐述了选择公理；在时间序列分析方面，他与库利（Cooley）共同提出了快速傅里叶变换算法；在统计学方面，他对探索性数据分析、刀切法、不可加性（non-additivity）的单等级检验、投影寻踪（机器学习的早期形式）的发展做出了贡献，并且提出了保证一组同步比较实验的准确性的方法。仅在数据分析方面，他就发明了箱形图、茎叶图等一系列统计图。这些统计图后来成了标准统计图，得到了广泛的应用，并且有助于发现数据中的未知模式，进而了解数据分散情况。虽然他首创的一些新术语后来成了标准术语，例如表示信息传输最小单位的“比特”[bit，“二进制单位”（binary digit）的简写]，但是他所创造的术语大多流传不广（比如1947年，他提出了表示倒数秒的术语“whiz”，这一术语鲜有人知）。

图基不断强调探索性数据分析至关重要，是科学研究的基本组成部分，再加上他对教育的贡献，因此被称作如今的数据科学的创始人，也有人认为他是“数据科学”一词的创造者。自1960年至1980年，他加入了美国全国广播公司的大选之夜结果预测团队，并与戴维 · 华莱士（David Wallace）、戴维 · 布里林格（David Brillinger）等几位不同时期的学生合作，利用早期的部分结果预测大选结果。1960年，他阻止美国全国广播公司过早宣布理查德 · 尼克松（Richard Nixon）当选。图基最喜欢的休闲方式是跳方块舞、观鸟、读科幻小说，他读过数百本科幻小说。2000年，他于新泽西州新不伦瑞克市逝世。

斯蒂芬 · 施蒂格勒

社会信用评分

30秒探索数据大爆炸

个人行为是个人社会评价的依据，这并不是什么新鲜事，但数据时代赋予了它全新的可能和意义。中国率先将这一想法付诸实践。中国的做法是通过人工智能和收集个人行为数据的技术，赋予每个公民一个可上下浮动的社会信用评分。评分方法并不对外公开，但不良驾驶行为、购买过多电子游戏、在网上发布假新闻等都属于违规行为，都会使评分下降。那这会导致什么样的结果呢？信用评分低的人可能会面临以下惩罚：旅行禁令、子女无缘某些学校、得不到好工作、不能入住高档酒店、网络速度变慢等，最基本的惩罚就是社会地位的丧失（例如，你的信用评分会体现在你的网上交友个人资料中）。其他国家和企业也使用了或将使用类似的制度。例如，英国通过参照来源于信用评分、手机使用，甚至房租支付等方面的数据，切断了某些人获得许多社会服务和工作的途径，并因此受到了谴责。

3秒钟样本

社会信用评分是基于个人行为并由数据驱动的评分（生活方式特征的黑盒子）。如果你在路上对插队的人大喊大叫，你的评分可能会下降。

3分钟分析

各企业也十分关心社会信用评分。据报道，脸书对其所有用户都进行了社会信用评分，旨在打击传谣行为，而用户则完全不知道具体的分数以及计算方式。2016年，研究学者收集并发布了7万多名美国线上交友网站OkCupid用户的在线资料（包括用户名、政治倾向、用药史和性生活等）。

相关话题

另见
监控 第82页
隐私 第86页
伦理 第152页

3秒钟人物

厄尔·贾德森·艾萨克
Earl Judson Isaac
1921—1983
数学家，和比尔·费尔（Bill Fair）一同建立了一个公正的标准化信用评分系统。

本文作者

利伯蒂·维特尔特

有关个人的公共数据和私人数据无穷无尽，那么社会信用评分的终点在哪里呢？

人工智能

30秒探索数据大爆炸

与其说人工智能是有知觉的机器人，不如说它是能够利用数据找出规律、做出预测的计算机。每当你的手机完成信息编写，当你使用语音识别服务，或是当银行监测出你的信用卡被盗刷时，都是人工智能在起作用。在许多社交媒体平台上，人脸识别技术利用人工智能来确定上传的图像中是否包含人脸，并通过匹配图像数据库中的图像来识别人脸。在机场，同样的技术也越来越多地用于识别旅客身份和进行护照检查。然而，人脸识别算法在识别肤色较深的人脸时表现不佳，因此，使用这一技术检查护照对某些旅客来说是节省了时间，但对某些旅客来说增加了麻烦，因为他可能会被误认为是通缉犯。除了图像识别外，人工智能还可用于生成人脸或风景的超现实图像。计算机图形和电子游戏产业从中受益颇多，但这同时也带动了深度伪造技术的兴起。随着深度伪造技术逐渐能够以假乱真，政府和新闻机构必须想方设法杜绝这种新式的错误信息。

3秒钟样本

尽管这听起来像是科幻小说里的情节，但是人工智能已被嵌入日常应用程序和服务之中。

3分钟分析

人工智能会对劳动力市场带来多大的影响仍不甚明朗。由于无人驾驶汽车等先进技术的出现，人们可能会失业或需要重新学习技能。然而，许多自动化系统一直需要一定程度的人工监督或人为解释，医学和刑事司法等敏感领域尤其如此。

相关话题

另见
机器学习 第32页
算法偏差 第50页
伦理 第152页

3秒钟人物

艾伦 · 图灵
Alan Turing
1912—1954
英国数学家、计算机科学家，被广誉为人工智能之父。

本文作者

玛丽亚姆 · 艾哈迈德

人脸识别是日常生活中应用范围最广的人工智能之一。

监管

30秒探索数据大爆炸

数据科学的发展带来了一系列新问题，令政客和立法者头疼不已：如何以既合乎伦理又保证安全的方式收集、存储个人数据？谁来检测算法偏差？如果数据使用不当造成了真实伤害，是谁的过错呢？欧洲的《通用数据保护条例》（General Data Protection Regulation，GDPR）让公民有权管理自己的数据；收集个人数据时，各组织必须通过平实的语言而非法律术语征得同意，且一经要求，必须删除。欧盟委员会表示，人工智能应该是透明的、公正的，必要时应接受人类监督。美国《算法问责法案》（Algorithmic Accountability Act）不久后也将规定，人工智能系统需合乎伦理、不带歧视。脸书和深度思维公司的数据隐私丑闻引起了高度关注。此后，一些企业已经努力进行了自我监管，并取得了不同程度的成功。美国微软公司和IBM公司已公开承诺，将重点关注数据隐私和安全问题，打造公平负责的算法。同时，谷歌的人工智能伦理委员会由于委员会成员之间产生争议，仅成立一周就宣告解散，但谷歌已做出明确承诺，不会开发有关武器系统的算法以及违反人权的技术。

3秒钟样本

技术发展迅猛，立法者应接不暇，那么谁应该担负起监管数据科学和人工智能的责任呢？

3分钟分析

非政府组织可以让算法承担起责任，在政府无能为力的地方，非政府组织则可以带来变革。美国算法正义联盟揭露了美国IBM公司和微软公司的人脸识别系统带有种族歧视和性别歧视。英国的监督机构“老大哥观察”发现，一些警队使用的人脸识别算法准确率较低。“算法观察”（Algorithm Watch）组织调查了德国的一种非公开的信用评分算法，发现这种算法带有偏见，使得某些人受到了不公正的惩罚。

相关话题

另见

算法偏差 第50页
IBM沃森与谷歌阿尔法围棋 第94页
人工智能 第148页

3秒钟人物

科里·布克
Cory Booker
1969—
美国民主党参议员、《算法问责法案》支持者。

本文作者

玛丽亚姆·艾哈迈德

数据监管者面临的主要挑战之一是跟上技术快速发展的步伐。

伦理

30秒探索数据大爆炸

3秒钟样本

数据和伦理似乎风马牛不相及：2+2=4，这有什么不合伦理之处呢？但“计算不骗人，算计者骗人”这句谚语并非真理。

3分钟分析

从爱德华·斯诺登泄密事件到企业肩负着伦理责任和法律责任，需告知用户他们的个人数据会被用于何处，数据伦理与数据合法性的结合十分复杂。英国剑桥分析公司（Cambridge Analytica）曾被曝出数据丑闻，该公司的商业行径值得怀疑，然而，更可怕的是即便没有数以万计，也有数以千计的应用程序开发商和该公司一样，正在利用脸书自行开发的特色功能。究竟什么样的行为才合乎伦理？又该由谁负责呢？

数据就是新的石油资源，只不过被挖掘的对象从地球变成了你。你的数据被当作可以买卖的商品，甚至可能被窃取。例如，天气频道会售卖地理定位数据；政治广告公司会将选民登记记录与脸书个人资料相匹配；各企业会利用算法筛选简历；保险公司会将你的个人医疗信息出售给第三方，让第三方能够以“进一步治疗”为由联系你。这一新行业带来了巨大的伦理问题。各企业都必须在保密的情况下做出非常艰难的伦理决策，决定它们能够利用用户数据做什么、不能做什么。这些问题不仅会在企业追求利润时出现，也会在缓解和解决严重问题时出现。例如，苹果公司和其他电子或技术公司是否应该将一名疑似恐怖分子的手机数据透露给政府？数据伦理涉及数据的收集、分析和传播以及数据所有者、所有相关的算法过程和人工智能。专业统计机构和公司曾召集智囊团，围绕数据伦理困境展开过讨论。

相关话题

另见
隐私 第86页
监管 第150页

3秒钟人物

鲁弗斯·波洛克
Rufus Pollock
1980—
开放知识基金会（Open Knowledge Foundation）创始人，该基金会致力于推进数据和内容的开放与共享。

爱德华·斯诺登
Edward Snowden
1983—
美国人，揭露了美国国家安全局的机密。

本文作者

利伯蒂·维特尔特

数据伦理学是一门以当前实践为基础并不断变化着的学科。

附录

参考资源

书籍与文章

A First Course in Machine Learning
S. Rogers & M. Girolami
Chapman and Hall/CRC (2016)

An Accidental Statistician: The Life and Memories of George E.P. Box
G.E.P. Box
Wiley (2013)

Alan Turing: The Enigma
Andrew Hodges
Vintage (2014)

The Art of Statistics: How to Learn from Data
David Spiegelhalter
Pelican Books (2019)

The Book of Why: The New Science of Cause and Effect
Judea Pearl & Dana Mackenzie
Allen Lane (2018)

‘Darwin, Galton and the Statistical Enlightenment’
S. Stigler
Jour. of the Royal Statist. Soc. (2010)

Data Science for Healthcare
Sergio Consoli, Diego Reforgiato Recupero, Milan Petković (Eds)
Springer (2019)

The Elements of Statistical Learning
J. Friedman, T. Hastie & R. Tibshirani
Springer (2009)

Get Out the Vote!
Donald P. Green & Alan S. Gerber
EDS Publications Ltd (2008)

Healthcare Data Analytics
Chandan K. Reddy, Charu C. Aggarwal (Eds)
Chapman & Hall/CRC (2015)

Invisible Women
Caroline Criado Perez
Chatto & Windus (2019)

‘John Wilder Tukey 16 June 1915 - 26 July 2000’
P. McCullagh
Biographical Memoirs of Fellows of the Royal Society (2003)

Machine Learning: A Probabilistic Perspective
K.P. Murphy
MIT Press (2012)

The Mathematics of Love
Hannah Fry
Simon & Schuster (2015)

Memories of My Life
F. Galton
Methuen & Co. (1908)

Naked Statistics: Stripping the Dread from the Data
Charles Wheelan
W.W. Norton & Company (2014)

The Numerati
Stephen Baker
Mariner Books (2009)

Pattern Recognition and Machine Learning
C.M. Bishop
Springer (2006)

The Practice of Data Analysis: Essays in Honour of John W. Tukey
D. Brillinger (Ed)
Princeton Univ. Press (1997)

Statistics Done Wrong: The Woefully Complete Guide
Alex Reinhart
No Starch Press (2015)

The Victory Lab
Sasha Issenberg
Broadway Books (2013)

网站

Coursera
机器学习课程网站。

DataCamp
数据分析技能学习网站。

Gender Shades
揭露了人脸识别算法的偏见。

ProPublica
研究了犯罪风险评估算法COMPAS。

Simply Statistics
由三位生物统计学教授建立的博客网站。

Udemy
数据科学课程学习网站。

编者简介

主编

利伯蒂·维特尔特 现为圣路易斯华盛顿大学奥林商学院数据科学实践教授。她经常为众多新闻机构撰稿，并且在福克斯商业频道（Fox Business）开设了一个名为“统计学家生活指南”（A Statistician's Guide to Life）的每周专栏。作为英国皇家统计学会大使、英国广播公司杰出女性专家和国际统计学会当选会士，利伯蒂不遗余力地向公众传播统计学与统计数据。同时，她也是《哈佛数据科学评论》副主编，以及联合国难民署美国委员会成员。

前言

孟晓犁 哈佛大学统计学教授，《哈佛数据科学评论》的创始主编。2001年，他被统计学会会长委员会（Committee of Presidents of Statistical Societies, COPSS）评为40岁以下贡献最为突出的统计学家。他于2004年至2012年担任哈佛大学统计学系主任，于2012年至2017年担任哈佛大学文理研究生院院长。

参编

玛丽亚姆·艾哈迈德 英国广播公司新闻网的数据科学家、记者，牛津大学工程博士，曾报道过有针对性的政治广告、性别薪酬差距等话题。玛丽亚姆坚定地认为公共领域应该透明化，她还在英国皇家艺术学会等场所就这一主题发表了演讲。

文尼·戴维斯 统计学博士，机器学习研究者。他将自己职业生涯的大部分时间都用于研究概率模型（包括疫苗选择模型、左心室模型等）在生物学和化学中的应用。

西旺·加姆利尔 贝莱德（BlackRock）公司另类投资顾问团队（Alternative Advisors，对冲基金解决方案团队）的一员，担任定量战略部主管。她毕业于美国麻省理工学院，获物理学学士学位。

拉斐尔·伊里萨里 丹娜法伯癌症研究院数据科学部教授、部长，哈佛大学陈曾熙公共卫生学院（Harvard T.H. Chan School of Public Health）生物统计学教授。

罗伯特·马斯特罗多梅尼科 数据科学家和统计学家。他的研究兴趣主要是体育赛事建模和计算技术，并且特别关注Python编程语言。

斯特凡妮·麦克莱伦 科普作家，帝国理工学院科学传播专业理学硕士，曾是欧洲太空总署（European Space Agency）、英国广播公司、欧洲核子研究中心和联合国教科文组织等机构的自由撰稿人。她曾在英国癌症研究中心（Cancer Research UK）国家新闻办公室工作了5年。

雷吉娜·努佐 斯坦福大学统计学博士、加州大学圣克鲁兹分校科普写作硕士，曾在《洛杉矶时报》《纽约时报》《自然》《科学新闻》《科学美国人》《新科学家》等刊物上发表了关于概率、数据和统计学的文章。

鲁帕·R. 帕特尔 临床科学家，圣路易斯华盛顿大学生物医学艾滋病预防项目创始人、负责人，世界卫生组织技术顾问。帕特尔博士利用数据科学推进了艾滋病病毒循证预防战略的实施，惠及美国、非洲、亚洲的诊所、卫生部门和社区组织。

阿迪蒂亚·兰加纳坦 理性、感性与科学（Sense and Sensibility and Science）课程首席讲师。这是加州大学伯克利分校开设的伟大创意课程之一，由索尔·珀尔马特发起，内容包括批判性思维、群体决策和应用理性。阿迪蒂亚也是公共编辑系统（Public Editor）董事，这一系统采用公民科学方法处理伪劣新闻。阿迪蒂亚是哈佛大学博士，他的研究方向是集体行为。

史兆威 哈佛商学院罗伯特和简·奇齐克（Robert & Jane Cizik）管理实务教授，曾在计算机和消费电子行业从业28年，目前已在该商学院从教10多年。

斯蒂芬·施蒂格勒 芝加哥大学欧内斯特·德威特·伯顿（Ernest DeWitt Burton）杰出服务统计学教授。在施蒂格勒的众多作品中，尤其著名的是《施蒂格勒定律》（*Stigler's Law of Eponymy*）。他最新的著作是有关统计史的《统计学七支柱》（*The Seven Pillars of Statistical Wisdom*），发表于2016年。

斯科特·特兰特 一家美国数据科学与技术公司的创始人，将数据科学应用于商业领域，例如汽车销售等。

卡特里娜·韦斯特霍夫 帮助各企业开发、应用新兴技术，特别是那些因数据分析和物联网发展而发生巨变的技术。她曾在能源、制造和材料行业从事咨询、创新、工程和创业方面的工作。

致谢

出版社感谢以下机构允许在本书中重印其所拥有的图片，各图片所在页码如下：

除另有说明外，书中所有合成图均来自Shutterstock 公司。

Alamy Stock Photo/Photo Researchers: 106

Getty Images/Donaldson Collection: 124; Alfred Eisenstaedt: 144

Library of Congress: 51, 91

NASA/CXC/RIKEN/T. Sato et al: 65

North Carolina State University/College of Agriculture and Life Sciences, Department of Communication Services Records (UA100.099), Special Collections Research Center at North Carolina State University Libraries: 70

Wellcome Collection/John Snow: 21; Wellcome Images: 26, 88

Wikimedia Commons/ARAKI Satoru: 47; Cdang: 25; CERN: 63;Chabacano: 57; Chrislb:6, 35, 85; David McEddy: 52; Denis Rizzoli: 91; Emoscopes: 49; Fanny Schertzer: 127; Fred053: 127; Geek3: 65;Headbomb: 127; Justinc: 21; Karsten Adam: 127; Martin Grandjean:2,29; Martin Thoma: 6, 35; MLWatts: 49; National Weather Service:103; Niyumard: 133; Paul Cuffe: 103; Petr Kadlec: 127; Sigbert: 25;Trevor J. Pemberton, Michael DeGiorgio and Noah A. Rosenberg: 69;Tubas: 127; Warren K. Leffler: 51; Yapparina: 133; Yomomo: 43; Yunyoungmok: 25; Zufzzi: 33

出版社已全力联系图片版权所有者并获准使用相关图片。以上名单若有不慎遗漏之处，敬请谅解。如有指正，出版社将不胜感激，并将在重印版本中予以更正。